AHÍ DUELE

EDITORIAL
TERRACOTA ET   Colección **Sello de Arena**

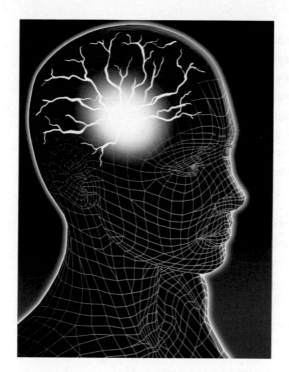

AHÍ DUELE

Una guía para afrontar con éxito el dolor físico y emocional

María Antonieta Flores Muñoz

Editorial TERRACOTA E/T   Colección **Sello de Arena**

Edición: Gerardo Noriega Rivero
Coordinación de producción: Jeanette Vázquez Gabriel
Diagramación: Mayra Alvarado López
Cierre: David Monroy Gómez
Fotografías: Jupiterimages Unlimited
Ilustraciones: Arturo Fonseca Durón
Fotografía de portada: Jupiterimages Unlimited
Diseño de la colección: Rocío Mireles

Primera edición: agosto de 2010
Segunda edición: agosto de 2013

ISBN 978-607-7616-22-1

© 2010, María Antonieta Flores Muñoz
DR © 2010, Editorial Terracota

EDITORIAL
TERRACOTA ET

Editorial Terracota, S.A. de C.V.
Cerrada de Félix Cuevas, 14
Colonia Tlacoquemécatl del Valle
03200 México, D.F.
Tel. +52 (55) 5335 0090

info@editorialterracota.com.mx
www.editorialterracota.com.mx

Impreso en México / *Printed in Mexico*

2017   2016   2015   2014   2013
10   9   8   7   6   5   4   3   2

*A todos
los niños del mundo
que sufren dolor.*

Contenido

11 Introducción

14 Sistema nervioso autónomo

16 Mitos sobre el dolor

20 ¿Qué es el dolor?

24 Cómo percibimos el dolor

29 Cómo medir el dolor

33 Cuando duele la cabeza

36 Migraña

42 Cuando duele el estómago (dolor abdominal)

49 Dolor de extremidades

54 Cuando duele el pecho (dolor torácico)

62 Cuando duele la espalda (dorsalgia y lumbalgia)

68 Dolor de origen genital en el hombre

73 Cáncer testicular

78 Dolor de origen genital en la mujer

84 Cuando duelen los dientes

88 El dolor producido por el cáncer

93 Dolor derivado de la infección por VIH y el sida

101 Dolor neuropático

105 El dolor por la muerte de un familiar

108 El dolor por un rompimiento

111 Tratamiento del dolor

116 Los analgésicos: cómo, cuándo y por qué

123 Opioides

128 Tratamiento psicológico del dolor

132 Qué son los cuidados paliativos

138 La depresión

148 Anorexia, bulimia y otros trastornos

158 El dolor de una epidemia

168 Influenza A H1N1

172 Por un mundo sin dolor

174 Glosario

177 Bibliografía

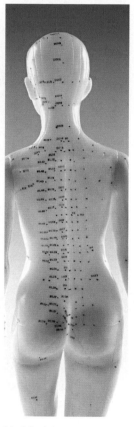

Modelo del cuerpo femenino, que representa los puntos de la acupuntura.

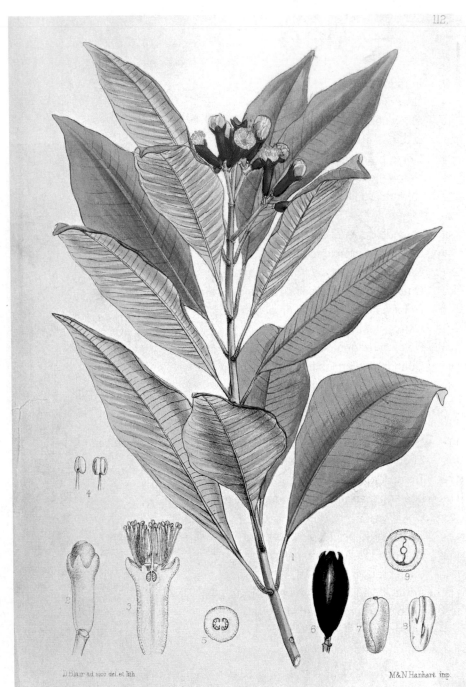

D Blair ad sicc del.et lith.

M&N Hanhart imp.

EUGENIA CARYOPHYLLATA, *Thunb*

Introducción

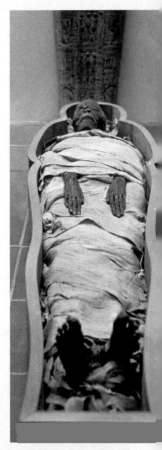

El estudio de momias egipcias revela la existencia de afecciones dolorosas en el antiguo Egipto.

El estudio del dolor, y sobre todo la búsqueda de medios para aliviarlo, ha sido el compromiso de mi vida. Desde 1993, cuando comenzó la primera Clínica del Dolor para niños y adolescentes en México, he reforzado este compromiso. He sido testigo del sufrimiento de jóvenes cuyos familiares y médicos hacían caso omiso de sus síntomas, y que contrajeron una enfermedad que los llevó a la invalidez o a la muerte. Esto me ha impulsado a una lucha incansable por dar a conocer qué es el dolor, lo que puede esconderse detrás de él y qué podemos hacer para aliviarlo.

En mis conferencias médicas hago hincapié en casos como el de "Antonio", un muchacho de 15 años que sufría dolores de cabeza y no tenía apetito. Lo calificaron de anoréxico e incluso estuvo en un hospital psiquiátrico, donde a diario acudía a la médica que lo trataba para quejarse de que no veía bien, de que tenía algún trastorno en los ojos. Los médicos no le hicieron ningún caso, y por desgracia quedó ciego. Lejos de padecer anorexia nerviosa, Antonio tenía en el hipotálamo un tumor que acabó por lesionarle el nervio óptico de ambos ojos. Del tumor se curó, pero jamás recuperó la vista y hoy en día asiste a una escuela para invidentes.

También he visto morir adolescentes de cáncer testicular por no haberlo descubierto a tiempo, pese a que esta enfermedad es curable si se diagnostica oportunamente.

El dolor es una señal de que algo anda mal; aunque en la mayoría de los casos indica un trastorno leve y pasajero, a veces no es así, por lo que debemos acudir al médico para estudiar sus causas y tratarlas.

¿A quién no lo ha aquejado el dolor alguna vez en su vida? Desde antes de nacer, el ser humano puede sentir dolor. Éste suele ser una señal de advertencia de que determinada parte del cuerpo no funciona normalmente, pero también existe el dolor crónico, que hoy en día se considera como una enfermedad que es de suma importancia combatir para prevenir daños y mayor sufrimiento.

El dolor ha sido parte de la vida del hombre desde los albores de la historia, y buscar la manera de aliviarlo es la esencia de la medicina y una inquietud permanente del ser humano. De ahí que las civilizaciones primitivas utilizaran objetos mágicos, como las máscaras, para ahuyentarlo.

El dolor es tema frecuente en el legado escrito de los antiguos egipcios, como lo demuestra el Papiro de Kahun, del año 1900 a.C. Se han encontrado vestigios de diversas afecciones dolorosas tras el examen detallado de momias egipcias. Por otra parte, los pa-

Papiro egipcio que representa el universo.

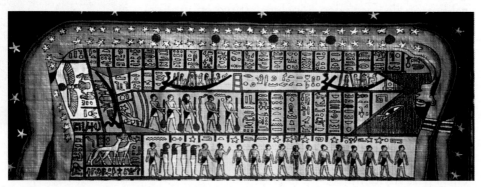

piros médicos revelan el uso frecuente de la belladona y la adormidera de opio. La farmacopea egipcia influyó más tarde en las prácticas curativas de griegos, hebreos, romanos y árabes.

En los textos de Homero se encuentra una referencia al alivio del dolor cuando Helena de Troya ofrece a Ulises y a sus hombres un remedio para quitar el dolor y el miedo, y para borrar el recuerdo de las desdichas. Es muy probable que la poción utilizada por Helena contuviera opio.

Paracelso, alquimista y médico suizo que vivió de 1493 a 1541, utilizó las formas más comunes del opio y las combinó con alcohol para preparar el láudano.

Retrato del médico suizo Theophrastus Bombastus von Hohenheim, mejor conocido como Paracelso.

En 1803, el farmacéutico alemán Friedrich Sertürner aisló del opio un alcaloide al que denominó morfina por Morfeo, el dios griego del sueño. En tiempos más recientes, gracias al descubrimiento de la anestesia, se logró suprimir el dolor en las operaciones quirúrgicas y en los partos. En 1884, el oftalmólogo austriaco Karl Koller empezó a utilizar la anestesia regional, que todavía hoy es la base de los bloqueos nerviosos.

Ahora que hemos vencido los dolores postoperatorios y los de parto, nuestra lucha se dirige principalmente contra el dolor crónico y el producido por el cáncer.

Con la llegada de las clínicas del dolor y el nacimiento de la algología (la especialidad de la medicina que estudia el dolor y su tratamiento), hoy podemos mitigar el sufrimiento producido por un gran número de enfermedades.

Este libro tiene por objeto describir los aspectos fundamentales del dolor físico y algunos del dolor emocional. Espero que sea para el lector el principio de una inquietud por el estudio del dolor y los medios para aliviarlo.

Ulises llega a la isla de Calipso, de Tiziano.

SISTEMA NERVIOSO AUTÓNOMO

Parasimpático

Funciones

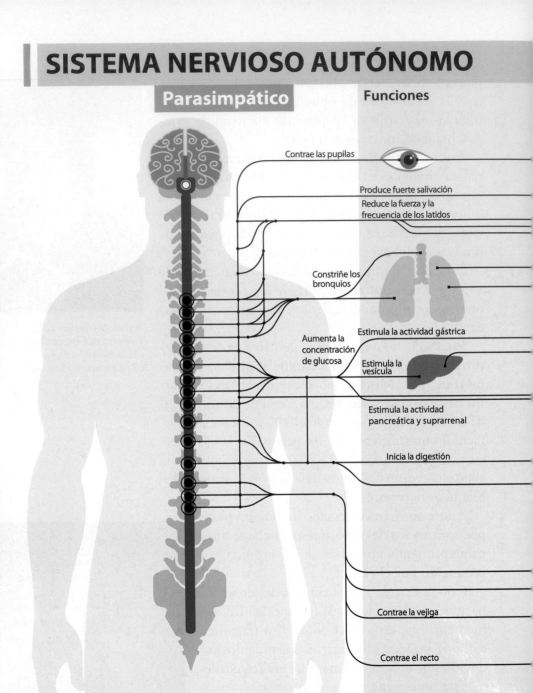

Contrae las pupilas

Produce fuerte salivación

Reduce la fuerza y la frecuencia de los latidos

Constriñe los bronquios

Aumenta la concentración de glucosa

Estimula la actividad gástrica

Estimula la vesícula

Estimula la actividad pancreática y suprarrenal

Inicia la digestión

Contrae la vejiga

Contrae el recto

El sistema nervioso autónomo, o vegetativo, rige sobre todo las funciones involuntarias del cuerpo. Se divide en simpático y parasimpático: el simpático usa noradrenalina como neurotransmisor, regula funciones que exigen gasto de energía y prepara al cuerpo para reaccionar al estrés. El parasimpá-

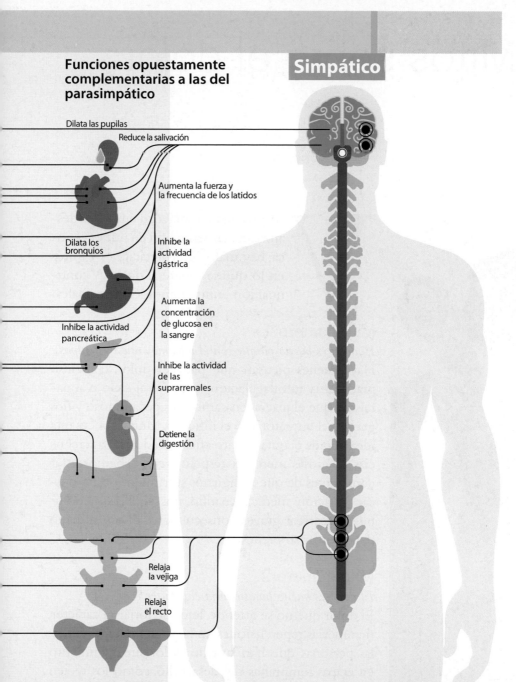

Funciones opuestamente complementarias a las del parasimpático

Dilata las pupilas

Reduce la salivación

Aumenta la fuerza y la frecuencia de los latidos

Dilata los bronquios

Inhibe la actividad gástrica

Aumenta la concentración de glucosa en la sangre

Inhibe la actividad pancreática

Inhibe la actividad de las suprarrenales

Detiene la digestión

Relaja la vejiga

Relaja el recto

tico usa acetilcolina y se encarga de almacenar y conservar la energía; rige las funciones involuntarias en condiciones normales y, una vez pasado el estrés, coordina funciones opuestas a las del simpático. La disfunción o lesión del sistema nervioso autónomo puede producir dolor neuropático.

Mitos sobre el dolor

Vivimos en una sociedad en la que desafortunadamente, aún en nuestra época, hay malas interpretaciones y mitos en lo que se refiere al dolor. A continuación enumeramos los principales:

Mito número 1

El dolor es bueno porque con él pagamos nuestras culpas.
Hay quienes piensan que padecer dolor, e incluso practicar la autoflagelación, nos lleva al cielo o al paraíso, y que el placer, en cambio, es pecaminoso y nos granjea el purgatorio o el infierno. Muchas veces esta idea impide el tratamiento eficaz del dolor. Las creencias religiosas merecen respeto, pero debemos estar conscientes de que infligirnos sufrimiento o no buscar atención médica cuando nos aqueja un dolor puede acarrear graves consecuencias. El ser humano debe buscar su bienestar.

Mito número 2

El dolor es bueno porque forja el carácter.
El dolor que no se atiende, lejos de forjar el carácter, tiene serias repercusiones en la psique del individuo; las personas que han sufrido dolor sin tratamiento en etapas tempranas del desarrollo, como los recién nacidos ingresados en la unidad de terapia intensiva neonatal, son más propensas al aislamiento, el alcoholismo y las conductas autodestructivas.

Los mitos relacionados con el dolor propician graves daños a la psique.

Mito número 3

Los niños no deben llorar porque son hombres.

Las lágrimas cumplen varias funciones: limpian e hidratan los ojos, pero además, el dar rienda suelta al llanto de vez en cuando nos relaja y disminuye las tensiones que nos abruman. Tanto hombres como mujeres tenemos el mismo derecho de manifestar nuestras aflicciones y dolencias. El solo hecho de expresar lo que nos preocupa mejora la temperatura cutánea, lo que constituye una señal de que nos encontramos más tranquilos.

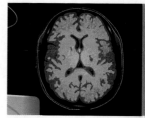

Mito número 4

Los recién nacidos no sienten el dolor porque su sistema nervioso es inmaduro.

Estudios recientes demuestran que el recién nacido siente más el dolor que un adulto. Cuanta menor edad se tiene, mayor es la sensibilidad al sufrimiento físico. Tanto el recién nacido como el feto pueden sentir dolor.

En un estudio realizado por la doctora Anna Taddio se observó que los niños a los que de recién nacidos se había practicado la circuncisión sin anestesia mostraban mayor sensibilidad al dolor que los no circuncidados.

Contra lo que suele creerse, los bebés tienen una gran capacidad para percibir el dolor.

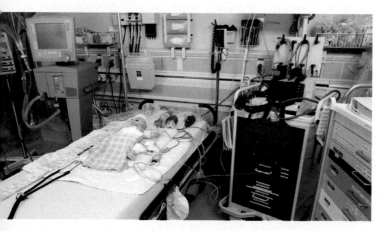

Unidad de terapia intensiva neonatal.

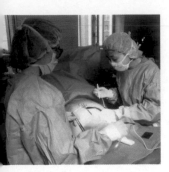

Cesárea.

En otro estudio, efectuado con niños que de recién nacidos estuvieron en terapia intensiva neonatal, se observó que, al cabo de los años, eran más propensos a sufrir dolores recurrentes y tendían a ser aislados y retraídos.

Los recién nacidos tienen en la piel más terminaciones nerviosas sensibles al dolor que los adultos.

Mito número 5

Los niños que se quejan de dolor son caprichosos o no quieren ir a la escuela.

La realidad en nuestro medio es que la mayoría de los niños que se quejan de dolor tienen auténticos motivos para hacerlo.

En un estudio realizado en la Clínica del Dolor del Hospital General de México con 52 niños y adolescentes aquejados de cefalea (dolor de cabeza), la autora observó que sólo en uno de los casos el dolor podía atribuirse a un trastorno psicológico.

Por lo tanto, cualquier dolor debe ser estudiado para determinar la causa y tratarla.

Mito número 6

Los niños, por ser pequeños, sufren menos dolores.
Los adolescentes se quejan para llamar la atención.

Lamentablemente, muchos médicos, enfermeras, padres de familia y maestros restan importancia al dolor en estas edades. Los dolores que aquejan a niños y adolescentes obedecen a una causa que se debe investigar y tratar. Todo adulto debe hacerse consciente de la importancia de atender el dolor.

Mito número 7

Cuanto mayor es una herida, más dolor produce, y a la inversa: cuanto más pequeña, menos dolor.

La intensidad del dolor que experimenta una persona no es proporcional al tamaño de la lesión que

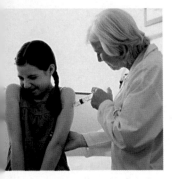

La renuencia a las inyecciones es común en los niños.

sufre. Incluso puede darse el caso de que sin haber un daño físico evidente se padezca un dolor más intenso que el de una cortadura en la mano, como sucede con el dolor neuropático.

Mito número 8

Los medicamentos opioides que se administran para tratar algunos dolores crónicos son adictivos.

Si bien es cierto que los derivados del opio pueden producir tolerancia y dependencia, cuando el dolor es intenso y se administran bajo supervisión médica los casos de adicción son infrecuentes. Por desgracia, a causa de este mito muchos enfermos terminales padecen fuertes dolores y mueren en medio de una terrible agonía. Es inhumano omitir el tratamiento del dolor.

Si un recién nacido padece dolor a muy corta edad, puede contraer dolor recurrente más adelante.

Mito número 9

Los niños no tienen memoria del dolor.

Algunos estudios confirman la aparición de cambios de conducta a raíz de intervenciones dolorosas, sobre todo circuncisiones sin anestesia. En un estudio realizado con niños de edad preescolar a los que de recién nacidos (unos llegados a término y otros prematuros) se había sometido a terapia intensiva neonatal, se observó que presentaban un umbral (tolerancia) al dolor más bajo, tendencia a la angustia y conductas adictivas.

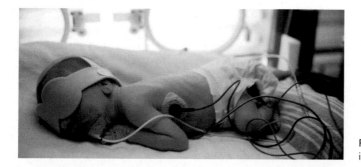

Recién nacido en una incubadora.

¿Qué es el dolor?

Todos en algún momento de nuestra vida hemos sufrido dolor, ya sea de muelas, de cabeza, de estómago o de piernas, pero ¿alguna vez te has preguntado qué es el dolor?

No es tarea fácil describir el dolor. Las definiciones abundan; la más aceptada en la actualidad es la de la Asociación Internacional para el Estudio del Dolor (IASP por sus siglas en inglés): "Experiencia sensorial y emocional desagradable, asociada con un daño tisular, real o potencial, o descrita en términos de dicho daño".

> El dolor es una señal de advertencia: nos avisa que existe un daño o disfunción en una parte del cuerpo

Para fines prácticos, podemos decir que el dolor es una sensación desagradable que a la vez constituye una señal o manifestación de que algo en nuestro organismo sufre una lesión o no funciona bien.

El dolor es una señal de advertencia: nos avisa que existe un daño o disfunción en alguna parte,

El dolor es una sensación desagradable que indica la existencia de una anomalía en el cuerpo.

órgano o sistema del cuerpo. Por ejemplo, cuando alguien sufre un ataque de apendicitis (inflamación del apéndice), el principal síntoma es un intenso dolor en el vientre.

Tipos de dolor

Existen varios tipos de dolor, que en medicina se clasifican de la siguiente forma:

1. *Dolor nociceptivo:* es el que resulta de la estimulación de los nociceptores, diminutos receptores nerviosos de señales dolorosas. El dolor nociceptivo se subdivide en:

a) Dolor somático, que se origina en músculos, huesos, piel y mucosas.

b) Dolor visceral, que se origina en órganos internos como estómago, intestino grueso, intestino delgado, hígado, bazo, etcétera. Si la víscera afectada es hueca, como el estómago o el intestino, el dolor se llama cólico o retortijón. Si se trata de un órgano macizo, como el hígado o el bazo, el dolor se percibe en forma de pesadez.

2. *Dolor neuropático:* es el que se produce por lesión o disfunción del sistema nervioso, como el dolor del nervio facial o del nervio ciático. Se manifiesta en forma de calambres, ardor, adormecimiento y hormigueo. Se subdivide en central y periférico.

Tejido muscular visto al microscopio, aumentado más de 100 veces.

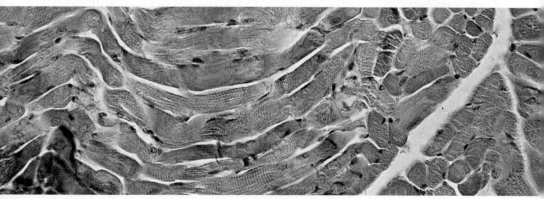

3. Dolor psicógeno: es el de origen mental.

Percibimos el dolor gracias al sistema nervioso. Imagínate si pusiéramos la mano en la llama de la estufa y no sintiéramos nada: se nos quemaría toda.

¿Cómo sentimos el dolor? En piel, músculos, huesos y vísceras tenemos nociceptores, que son pequeños receptores de estímulos dañinos y desagradables. Cuando los nociceptores captan un estímulo doloroso, lo transmiten a los nervios, y éstos a la médula espinal, de donde el estímulo viaja por las vías del dolor hasta el cerebro (el propio sistema nervioso se encarga de disminuir o modular la señal dolorosa) y llega por fin a la corteza cerebral, donde lo hacemos consciente y lo interpretamos.

El dolor es una especie de lenguaje de nuestro cuerpo

El proceso es el siguiente:

1. Transducción: los receptores captan el estímulo doloroso. Cuando nos pinchan un dedo con una aguja, por ejemplo, el estímulo nocivo es la picadura, y actúa sobre los nociceptores del dedo.

2. Transmisión: la señal dolorosa viaja por los nervios como la electricidad por el cableado.

3. Modulación: el sistema nervioso modifica o rechaza la señal dolorosa.

4. Percepción: es el resultado de la interacción de los pasos anteriores, y produce una reacción de la persona al estímulo doloroso.

Además de los nociceptores existen los termorreceptores, fibras nerviosas que captan el frío y el calor; los mecanorreceptores, que perciben la presión, la tracción y la distensión, y los quimiorreceptores, que son sensibles a los cambios químicos que se producen en torno suyo.

El dolor agudo es una señal de alarma, por ejemplo, en el caso de una quemadura inminente.

El *dolor agudo* es la manifestación de un daño reciente, dura corto tiempo y disminuye en la medida en que desaparece el daño. Es una señal de advertencia que protege la integridad física.

El *dolor crónico* es el que dura más de tres meses y se debe a una enfermedad, como el cáncer. Es fundamental tratarlo, porque de lo contrario puede producir un sufrimiento intenso y constante.

El *dolor recurrente* es el que aparece en forma cíclica, se manifiesta de una a varias veces al mes, y tiene una duración total mayor a tres meses. Un ejemplo son los accesos de dolor de cabeza producidos por la migraña. El dolor recurrente puede ser de cabeza (cefalea), pecho o espalda (torácico), piernas, brazos o ambos (de extremidades), así como de vientre (abdominal).

Como te habrás dado cuenta, el dolor es como un lenguaje de nuestro cuerpo, y cualquiera de sus manifestaciones debe ser estudiada y tratada.

Dolor agudo.

Los bailarines están expuestos a diversos trastornos mecánicos y al dolor que acarrean.

Cómo percibimos el dolor

El dolor es una señal de advertencia de que algo en el cuerpo no está funcionando bien o se ha lastimado. Para comprender cómo lo percibimos, imaginemos que nos pinchamos con una aguja (estímulo doloroso). En la piel, como en los demás órganos del cuerpo, hay una extensa red de terminaciones nerviosas sensitivas llamadas receptores, que son de varios tipos: los hay para percibir la temperatura, la presión, el tacto y los estímulos dolorosos o dañinos. Estos últimos receptores se llaman nociceptores. Ante la presencia de agentes que pueden causar daño, como el calor, la presión o sustancias químicas segregadas por tejidos lesionados, los nociceptores transmiten el estímulo doloroso, en forma de señal electroquímica, a través de unos "cables", los nervios sensitivos, hasta la médula espinal, el tronco nervioso situado dentro de la columna vertebral. La médula a su vez reenvía la señal a diversas partes del cerebro, como el tálamo, el cíngulo y la corteza cerebral, donde nos hacemos conscientes de la señal y la interpretamos como dolor procedente de determinada parte del cuerpo.

Nocicepción

Como hemos visto, en los tejidos del cuerpo hay múltiples y diminutas estructuras anatómicas llamadas nociceptores, que sirven para captar la información del dolor y transformarla en señales eléctricas que viajan del sistema nervioso periférico al sistema nervioso central.

Como la información del dolor puede ser térmica, química o mecánica, existen nociceptores especializados en cada una de ellas: térmicos, químicos y mecánicos, pero también los hay que perciben más de un estímulo; por ejemplo, los nociceptores mecanotérmicos.

La primera función de los nociceptores consiste en recibir la información; la segunda, en traducirla a señales electroquímicas, proceso denominado trans-

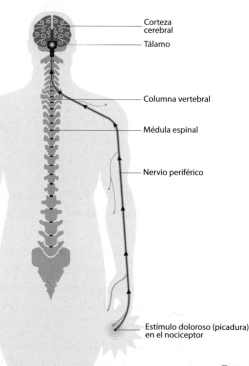

Corteza cerebral

Tálamo

Columna vertebral

Médula espinal

Nervio periférico

Estímulo doloroso (picadura) en el nociceptor

Transmisión de estímulos dolorosos de los nervios al cerebro.

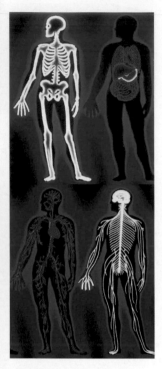

Diagrama comparativo de diversos sistemas del cuerpo humano. Abajo a la derecha, el sistema nervioso.

Con los órganos de los sentidos percibimos estímulos del mundo que nos rodea, como un radiotelescopio capta señales del espacio exterior.

ducción. Juntas, la recepción y la transducción constituyen la nocicepción.

En cualquier momento los nociceptores tienen una actividad de apenas 20 por ciento, pero cuando reciben un estímulo doloroso se activan hasta el 100 por ciento.

Hay varias sustancias que se liberan en las terminaciones nerviosas cuando se produce un daño o inflamación, y que aumentan la sensación dolorosa. Entre ellas se cuentan las prostaglandinas, la sustancia P, la bradiquinina, la histamina, los leucotrienos, la serotonina y el potasio. En medicina se les ha llamado "sopa *algogénica*", término este último derivado de raíces griegas que significan "causante de dolor".

Transducción

Una vez que el estímulo se ha recibido y transformado en señal electroquímica, viaja por los nervios, que son una especie de cables constituidos por neuronas (células del sistema nervioso).

Los nervios se especializan en distintas funciones, como la sensibilidad (nervios sensitivos), el movimiento (nervios motores), y la regulación de funciones involuntarias como la presión arterial, la respiración, el ritmo cardiaco y la digestión (nervios autonómicos).

Otras funciones de los nervios sensitivos son captar las señales de los órganos de los sentidos: vista, olfato, oído, tacto y gusto. Los nervios están constituidos por neuronas, y éstas, a su vez, por un cuerpo, una cola que semeja la de un cometa, denominada axón, y minúsculas terminaciones parecidas a las ramas de un árbol, llamadas dendritas, que se conectan con las de otras neuronas.

La información del dolor es conducida por los nervios sensitivos, cuyos cuerpos neuronales descansan en la raíz del ganglio dorsal, una estructura situada inmediatamente antes de la entrada del nervio en la médula espinal. Estos nervios están compuestos por fibras pequeñas no mielinizadas ★ (no recubiertas de mielina) llamadas fibras C y otras pequeñas pobremente mielinizadas conocidas como fibras A delta (Aδ), que conducen los estímulos nocivos y dolorosos, así como por fibras largas A beta (Aβ), que conducen la información del tacto.

La vaina de mielina actúa en las fibras nerviosas como el aislamiento de los cables eléctricos.

La mielina protege el axón y facilita la transmisión de los impulsos nerviosos

La mielina es una sustancia que recubre los axones de manera parecida a la del revestimiento aislante de un cable eléctrico, y cuya principal función es proteger el axón y facilitar la transmisión de la información electroquímica.

La transmisión es más lenta en las fibras no mielinizadas C, un poco más rápida en las pobremente mielinizadas Aδ, y aún más rápida en las mielinizadas Aβ.

El dolor conducido por las fibras Aδ se llama dolor rápido, y lento al que transmiten las fibras C.

El dolor rápido sirve para localizar la parte afectada del cuerpo, y el lento para echar a andar mecanismos de defensa del sistema nervioso autónomo y provocar una reacción emocional.

Desde los ganglios dorsales, la información del dolor viaja al cerebro por un camino llamado haz espinotalámico porque va de la médula espinal al tálamo, la parte del cerebro encargada de la sensibilidad. Los estímulos del lado derecho ascienden por el haz espinotalámico izquierdo, y viceversa.

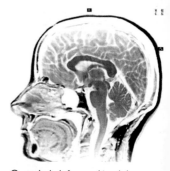

Cuando la información del dolor llega a la cabeza, se le da una interpretación emocional.

★ Los términos que aparecen en color ocre se definen en el glosario, en la página 158.

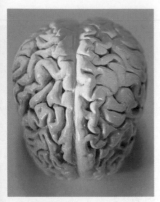

Modelo del cerebro humano visto desde arriba, con los característicos pliegues, o circunvoluciones, de la corteza.

Percepción

Al llegar al cerebro, la información del dolor pasa a la corteza, donde recibe una interpretación emocional y un significado, y queda asociada con la memoria, todo lo cual puede variar según las anteriores experiencias dolorosas.

Modulación

Tan pronto como la información del dolor llega a la médula espinal, el cuerpo trata de modularla, ya sea liberando sustancias y frenando o acelerando la conducción de la señal.

Nuestro cuerpo tiene analgésicos propios, las endorfinas, cuyo efecto es igual al de la morfina, un analgésico opioide (antes llamado narcótico) que se extrae de la adormidera *(Papaver somniferum),* una planta del mismo género que la amapola. Tenemos receptores para las endorfinas distribuidos por todo el cuerpo.

Además de las endorfinas, el organismo produce de manera natural noradrenalina, serotonina y ácido gabaaminobutírico (AGAB), sustancias cuya acción es disminuir la intensidad del dolor.

Cómo medir el dolor

S iempre que se trata de medir algo echamos mano de los números. Medimos la estatura en centímetros, el peso en kilos, la presión arterial en milímetros de mercurio (mmHg), el ritmo cardiaco en latidos por minuto, la respiración en número de respiraciones por minuto. ¿Pero cómo medir el dolor, si se trata de una experiencia tan subjetiva cuya intensidad nadie es capaz de expresar con precisión en un momento dado? Para este fin se han ideado, a lo largo del tiempo, escalas de evaluación de la intensidad del dolor. A continuación describo algunas.

> El dolor es una experiencia subjetiva, pero puede medirse según diversas escalas

Escala visual análoga

La escala que más se ha utilizado en algología es la escala visual análoga (EVA), según la cual, en una línea de 10 centímetros de largo, se pide de la siguiente manera al paciente que señale cuánto dolor siente: "El extremo izquierdo de la línea indica una ausencia total de dolor, mientras que aquí (señalando el

Hay instrumentos para medir muchos signos corporales, mas no el dolor.

extremo derecho) se sitúa el máximo dolor posible. Marca el punto de la línea donde crees que se sitúa tu dolor".

Ausencia de dolor — Dolor máximo

Escala visual análoga.

Entonces el médico, la enfermera, el psicólogo u otro profesional de la salud mide la marca con una regla para darse una idea de la intensidad del dolor del paciente.

Escala visual numérica

En esta escala se muestra al paciente una línea de 10 centímetros graduada del 0 al 10 y se le dice: "En esta escala el 0 representa la ausencia de dolor, el 1 es un dolor muy leve, el 5, regular, y el 10, insoportable. ¿Qué número le asignas a tu dolor?" El paciente señala entonces un número para expresar la intensidad del dolor que siente.

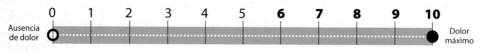

Ausencia de dolor — Dolor máximo

Escala visual numérica.

Escala verbal numérica

En esta escala no se muestra ninguna gráfica. Sólo se pregunta: "Si quisieras medir tu dolor en una escala del 1 al 10, donde 1 es un dolor muy leve, 5 es regular y 10 es insoportable, ¿qué número le darías?" La persona responde asignando a su dolor un valor numérico del 1 al 10.

Escala verbal gráfica

Aquí se muestra una línea punteada en cuya parte

baja hay varias descripciones y la persona señala una de ellas.

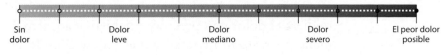

| Sin dolor | | Dolor leve | | Dolor mediano | | Dolor severo | | El peor dolor posible |

Escala verbal gráfica.

Escalas faciales

Para el caso de los niños y de jóvenes o adultos analfabetos o que tengan dificultad para expresarse de manera numérica, existen las escalas faciales, con las que simplemente se pide al paciente que señale con el dedo la expresión facial que más coincida con cómo se siente.

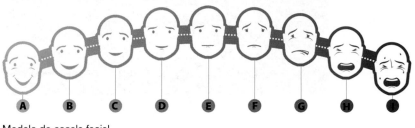

Modelo de escala facial.

Escala facial que muestra desde afectos positivos hasta el afecto más negativo.

Escalas para recién nacidos y lactantes

Otras escalas concebidas para evaluar el dolor de recién nacidos (aun los prematuros) y lactantes toman como parámetros la expresión de la cara, la intensidad del llanto, la posición de piernas y brazos, el ritmo cardiaco y cuánto se consuelan, entre otros

signos. Ejemplos de ellas son la escala de dolor in-
fantil neonatal, la escala de cara, piernas, actividad,
llanto y consolabilidad, y el perfil del prematuro.

Como lo ideal sería contar con un aparato que
midiera el dolor con precisión y objetividad, actualmente se realizan investigaciones en ese sentido en
todo el mundo.

Cuando duele la cabeza

A casi todo el mundo le ha dolido alguna vez la cabeza. La molestia muchas veces se debe a causas que no ponen en peligro la vida, pero en raras ocasiones es manifestación de una enfermedad o padecimiento más grave.

En la clasificación internacional de las cefaleas, o dolores de cabeza, se enumeran todas las posibles causas, incluso tres relacionadas con la actividad sexual: las cefaleas preorgásmica, orgásmica y postorgásmica. Aunque éstas son muy infrecuentes, la lista demuestra que el dolor de cabeza puede tener una infinidad de causas.

La Asociación Internacional de la Cefalea (IHS por sus siglas en inglés) las divide en cefaleas primarias y secundarias.

Las cefaleas primarias son:

1. Migraña.
2. Cefalea tensional.
3. Cefalea en racimo.
4. Otras.

Las cefaleas secundarias son consecuencia de:

1. Traumatismos (golpes o accidentes) de cabeza y cuello.

Un buen número de personas padecen dolor de cabeza.

En caso de dolor de cabeza persistente hay que acudir al médico sin tardanza.

2. Alteraciones vasculares (de los vasos sanguíneos) de cráneo y cuello.

3. Alteraciones no vasculares de cráneo y cuello.

4. Consumo o síndrome de abstinencia de alcohol, medicamentos o drogas.

5. Infecciones.

6. Alteraciones del equilibrio del organismo.

7. Alteraciones en dientes, oídos, nariz, senos paranasales, ojos, boca o estructuras de la cara.

8. Trastornos psiquiátricos.

9. Neuralgias (dolores de los nervios) y dolores del sistema nervioso central.

10. Otras.

Si se sufre un dolor de cabeza de causa desconocida y es persistente, despierta a la persona a media noche, se localiza en la nuca o produce pérdida del equilibrio al caminar, desviación de los ojos o vómito sin náuseas, hay que acudir de inmediato al médico, porque es posible que haya alguna anomalía en la cabeza, como la presencia de un cisticerco, una malformación de los vasos sanguíneos o, en ciertos casos desafortunados y poco frecuentes, un tumor.

Las alteraciones de la presión arterial, ya sea que suba o baje demasiado, así como las fluctuaciones de la concentración de azúcar en la sangre, pueden producir dolor de cabeza.

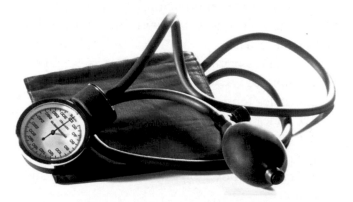

Tanto la hipertensión como la hipotensión arterial pueden causar dolor de cabeza.

Las infecciones de los senos paranasales (sinusitis) también se cuentan entre las causas de cefalea, casi siempre acompañada dc dolor cn la cara al agacharse y salida de mucosidad por la nariz.

Las infecciones de oídos, las anomalías de la articulación temporomandibular y los trastornos de la visión también pueden causar dolor de cabeza.

Asimismo, la cefalea puede ser manifestación de infecciones respiratorias, como gripe o resfriado.

Un dolor de cabeza también puede ser consecuencia de cansancio por permanecer demasiado tiempo sentado ante la computadora o al volante de un vehículo.

La fatiga ante la computadora o al volante es otra causa de dolor de cabeza.

El consumo excesivo de alcohol es causa de la famosa cruda o resaca, que se manifiesta con cefalea y otros síntomas.

Si una persona sufre de dolor de cabeza a menudo, debe acudir al médico, quien mandará hacer los estudios específicos que considere pertinentes, como tomografía de cráneo, radiografías, análisis sanguíneos o un electroencefalograma.

Migraña

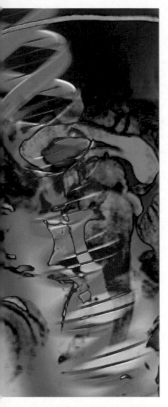

La doble espiral del ADN superpuesta a una tomografía de cabeza.

El dolor de cabeza generalmente es un síntoma de alguna enfermedad o trastorno del organismo, pero existe lo que llamamos migraña, una enfermedad hereditaria cuyos síntomas comprenden fuertes dolores de cabeza. La migraña puede afectar a niños o adultos y es más frecuente en la mujer. A veces el dolor es tan intenso que impide nuestras actividades cotidianas, y llega a ser incapacitante.

La migraña es un trastorno neurofisiológico caracterizado por accesos recurrentes de dolor de cabeza que van de moderados a intensos. El ataque puede durar de minutos a horas y repetirse una o más veces al mes por espacio de varios meses. El dolor casi siempre es pulsátil, es decir, palpitante o consistente en punzadas intermitentes. La mayoría de las veces afecta a un solo lado de la cabeza, y puede acompañarse de mareo, a menudo náuseas y en ocasiones vómito. Es común que la persona afectada no tolere la luz ni los ruidos, por tenues que sean.

Como ocurre a veces con la epilepsia, antes de que se presente el acceso de migraña es frecuente experimentar una sensación que lo anuncia, llamada aura. Ésta puede ser visual, consistente en ver puntos negros o destellos, o ver sólo una parte del campo visual; o sensitiva, como hormigueo u otra sensación extraña en alguna parte del cuerpo.

Cuando se padece migraña es recomendable dormir por lo menos ocho horas diarias, no desvelarse, no comer a deshoras, hacer ejercicio con regularidad, no comer alimentos que contengan conservadores ni glutamato monosódico, y reducir el consumo de café.

Según el *New England Journal of Medicine,* los casos extremos de migraña aumentan el riesgo de sufrir un infarto cerebral. En 27 por ciento de un grupo de sujetos de estudio menores de 45 años que sufrieron un accidente cerebrovascular, éste fue precipitado por la migraña. En la Clínica Mayo, 25 por ciento de los infartos cerebrales se han asociado con este padecimiento.

La migraña puede llegar a impedir el desempeño de las actividades cotidianas.

Grandes personajes de la historia han sufrido migraña, como Julio César, Napoleón, Vincent van Gogh, Claude Monet y Elvis Presley. El famoso libro *Alicia en el País de las Maravillas* no habría sido posible sin la inspiración de su autor, Lewis Carroll, quien padecía frecuentes crisis de migraña.

En el terreno de la literatura fantástica, Harry Potter sufre dolores de cabeza que podrían ser mi-

Cuervos en un trigal, de Vincent van Gogh.

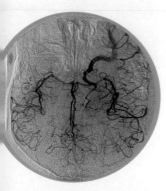

Tomografía por resonancia magnética de la red vascular cerebral.

graña, o al menos así lo señala Fred Sheftell en la revista médica *Headache*.

La migraña es de origen hereditario. Setenta por ciento de las personas afectadas tienen antecedentes familiares de la enfermedad. En las personas que padecen migraña hemipléjica (caracterizada por la parálisis transitoria de un lado del cuerpo) se ha observado la alteración de un gen en el cromosoma 19.

Algunas creencias populares atribuyen la migraña al estrés o a la depresión. Esto es falso. La migraña es una enfermedad neurológica y no psicológica.

Los accesos de migraña se producen cuando ciertos factores fisiológicos dilatan los vasos sanguíneos del cerebro, donde las terminaciones nerviosas liberan sustancias llamadas neurotransmisores, como la serotonina —también llamada cinco-hidroxitriptamina (5HTT)—, un factor que puede precipitar el ataque.

Se calcula que sólo en Estados Unidos, de 11 a 18 millones de personas padecen migraña, y que 38 millones tienen una propensión genética a la enfermedad.

Para poder afirmar que una persona aquejada de dolores de cabeza padece migraña, debe tener por lo menos dos de los siguientes síntomas:

1. Dolor que es más intenso en un lado de la cabeza.
2. Punzadas, o dolor pulsátil.
3. Dolor que interfiere con las actividades diarias y que empeora con ellas.
4. Náuseas o vómito.
5. Intolerancia a la luz o al ruido.

Existen varios tipos de migraña, pero a grandes rasgos podemos clasificarla en dos categorías: migraña con aura, antes llamada migraña clásica, y migraña sin aura, antes llamada migraña común.

Millones de personas en el mundo padecen migraña.

Como señalé al principio de este capítulo, el aura es un conjunto de sensaciones que se presentan antes de la crisis migrañosa; son los síntomas de que el acceso de dolor es inminente.

El aura puede ser visual, motora o sensorial. La visual es la más frecuente: la persona afectada puede ver manchas o destellos en zigzag y experimentar intolerancia a la luz y una percepción distorsionada del tamaño y la forma de los objetos. El aura motora suele consistir en una dificultad para hablar o para mover un lado del cuerpo. El aura sensorial por lo común se manifiesta con hormigueo o un aumento o disminución de la sensibilidad táctil.

El consumo de algunos alimentos o bebidas puede desencadenar un acceso de migraña.

Son muchos los factores que pueden desencadenar un acceso del padecimiento. Por ejemplo, la ingestión de alimentos como embutidos, quesos fuertes, chocolate, guisos marinados, productos que contienen glutamato monosódico, como la comida china y las sopas enlatadas, así como el vino tinto, el café y las bebidas gaseosas de cola. Lo mismo puede decirse de las fluctuaciones hormonales, ciertas crisis emocionales y la exposición a variaciones atmosféricas bruscas, humo de tabaco, contaminación ambiental y aromas fuertes.

Los niños no están a salvo de la migraña. Cuando un niño dice que le duele la cabeza, hay que creerle. En la mayoría de los casos el dolor tiene una causa real y no son imaginaciones ni producto de un trastorno psicológico. La migraña en los niños con frecuencia está acompañada de dolor abdominal o de estómago, náuseas y vómito.

Otra forma de migraña en los niños es la familiar hemipléjica, en la cual el aura, consistente en la parálisis de un lado del cuerpo, puede durar desde pocos minutos hasta una hora y, una vez que el dolor de cabeza ha cedido, se termina por recuperar completamente el movimiento.

El aura visual de la migraña puede consistir en la visión de manchas o destellos en zigzag.

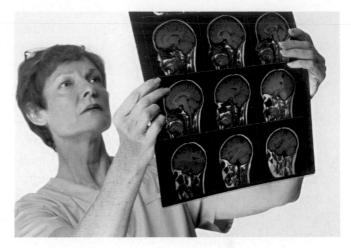

Hay varios recursos para el diagnóstico certero de la migraña.

Existe también lo que se conoce con el nombre de síndromes periódicos de la infancia, como el llamado síndrome de Alicia en el País de las Maravillas, en el que el niño siente que los objetos se hacen grandes o pequeñitos, y puede sufrir vómito o vértigo cíclicos, dolor abdominal cíclico, irritabilidad y cambios de personalidad.

El diagnóstico de migraña se basa en datos clínicos y en un estudio de medicina nuclear llamado SPECT cerebral. SPECT son las siglas en inglés de tomografía computarizada por emisión de positrón único. El diagnóstico de migraña también se alcanza al descartar otras enfermedades entre cuyos síntomas está el dolor de cabeza.

Tratamiento de la migraña

Antes que nada se recurre al tratamiento sintomático: administrar un analgésico o antimigrañoso desde el momento en que la persona experimenta el aura o siente que va a presentarse el dolor.

El tratamiento también debe abarcar medidas preventivas como evitar la exposición a factores desencadenantes: vino, humo de tabaco, contaminación, etcétera.

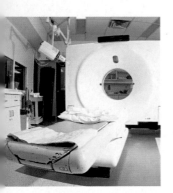

Tomógrafo.

Otra acción preventiva es impedir la aparición de más accesos de dolor mediante la administración de bloqueadores del calcio o de betabloqueadores, según el caso.

La psicoterapia conductual cognitiva, que trata la migraña con técnicas de relajación y autohipnosis, puede resultar eficaz, así como la musicoterapia, que actúa distrayendo al paciente del dolor de cabeza.

A las personas que padecen migraña se les recomienda acudir con regularidad al médico y tomar los medicamentos prescritos por él, no automedicarse, dejar de fumar, hacer ejercicio con regularidad, procurar el equilibrio en las actividades de su vida diaria y evitar alimentos o circunstancias que precipiten los accesos.

La psicoterapia conductual cognitiva es una opción de tratamiento para la migraña.

Cuando duele el estómago (dolor abdominal)

El dolor abdominal puede tener muchas causas.

L as causas posibles de dolor de vientre o abdomen son muchas. Las más frecuentes son comer en exceso o consumir alimentos irritantes, que lastiman la mucosa que recubre el interior del estómago. En otras ocasiones el dolor de abdomen es consecuencia de una parasitosis (infestación por amibas, lombrices u otros parásitos) o de infecciones por bacterias o virus.

El abdomen también puede doler por mal funcionamiento o enfermedad del tracto digestivo o del aparato genitourinario.

Empecemos por enumerar los trastornos del aparato digestivo:

Esofagitis. Es una inflamación del esófago, el tubo por el que pasa el bolo alimenticio de la faringe al estómago. El esófago puede inflamarse por el paso de alimentos o bebidas irritantes, como el chile o el alcohol, o bien, de sustancias cáusticas ingeridas por accidente.

La causa más frecuente de esofagitis es la regurgitación ácida o reflujo gastroesofágico; es decir, el re-

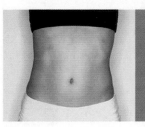

greso de alimento parcialmente digerido y mezclado con ácido clorhídrico del estómago al esófago, lo que irrita el interior de este último. En tal caso se siente un dolor a menudo ardiente en el epigastrio (la boca del estómago, justo debajo del esternón) y a veces en el pecho, inmediatamente arriba del epigastrio, junto con la sensación de que la comida y el ácido suben hasta la garganta.

Gastritis. Inflamación del estómago que, como la esofagitis, puede deberse al consumo excesivo de alimentos o bebidas irritantes, como alcohol, chile, especias y condimentos, e incluso el humo del tabaco. Otra causa de gastritis es la infección por la bacteria *Helicobacter pylori*, que también afecta al duodeno (la primera porción del intestino delgado). De igual manera el estrés puede provocar gastritis, así como el consumo de ciertos medicamentos, como los antiinflamatorios. La gastritis se manifiesta con dolor ardiente y a veces sensación de vacío en la boca del estómago, acompañados o no de náuseas y vómito.

Entre las causas de dolor abdominal está el consumo de alimentos irritantes.

Enteritis. Inflamación del intestino delgado (tubo que conecta el estómago con el colon y que consta de tres porciones: duodeno, yeyuno e íleon). Puede deberse a infecciones por bacterias como la salmonela, agente causal de la fiebre tifoidea, o la *Escherichia coli (E. coli).* Sin embargo, las enteritis más frecuentes son las producidas por virus. También las hay

Hay que lavar y desinfectar perfectamente las frutas y verduras que vayan a comerse crudas.

Lavarse las manos antes de comer y después de ir al baño es una medida de higiene que puede prevenir enfermedades como la gastroenteritis.

Le Petit Journal

LE CHOLÉRA

Antiguo suplemento de periódico que representa la mortandad causada por una epidemia de cólera, una grave gastroenteritis infecciosa.

crónicas, como ocurre con la enfermedad celiaca, que es consecuencia de la intolerancia al gluten, una sustancia presente en el trigo. Otra causa de enteritis crónica son los parásitos.

La enteritis se manifiesta con dolor abdominal de tipo cólico (retortijones), diarrea que puede llevar a la deshidratación, acumulación en el intestino de gases que abultan el vientre (meteorismo) o son expulsados constantemente (flatulencia) y, en la mayoría de los casos, fiebre.

Cuando el estómago también está afectado y además de diarrea se presentan náuseas y vómito, se habla de gastroenteritis.

Para prevenir las gastroenteritis infecciosas es imperativo tomar medidas de higiene básicas como lavarse las manos antes de comer y después de ir al baño, no ingerir alimentos ni aguas frescas en la calle, y desinfectar frutas y verduras que vayan a consumirse crudas. Los plantíos de verduras no deben regarse con aguas negras, porque en ellas puede haber no sólo virus y bacterias causantes de gastroenteritis, sino también el virus de la hepatitis.

Si una persona tiene diarrea, debe tomar mucha agua, de preferencia con suero oral para evitar la deshidratación, y acudir al médico o al centro de salud más cercano.

Colitis. Inflamación del colon, o intestino grueso, porción del tracto digestivo de mayor calibre, que comienza a continuación del íleon y termina en el ano; es el órgano donde se forman las heces fecales (excremento) y consta de seis partes: ciego, colon ascendente, transverso y descendente, recto y ano.

La colitis puede ser consecuencia de una infestación con parásitos, principalmente amibas, o por mal funcionamiento del colon debido al estrés, una mala alimentación o ambos; en este caso el trastorno se llama colon irritable. Los principales síntomas de la colitis son dolor de tipo cólico, gases, estreñimiento y, en ocasiones, diarrea.

Amibiasis. Es una enfermedad producida por amibas, una especie de parásitos microscópicos que en lenguaje médico se conoce como *Entamoeba histolytica.* Las amibas colonizan la mucosa interior del colon y producen úlceras en su pared.

Entre los síntomas característicos de la amibiasis se cuentan la alternancia de estreñimiento y diarrea con moco y sangre, así como malestar general, además de meteorismo, flatulencia, somnolencia y debilidad. Si la amibiasis intestinal no recibe atención oportuna, las amibas no sólo pueden pasar al hígado y producir un absceso hepático amibiano, sino desde allí alcanzar los pulmones e incluso el cerebro.

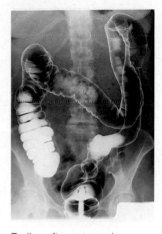

Radiografía contrastada del colon, o intestino grueso.

La enfermedad de Crohn predomina en la población de ascendencia judía

Enfermedad de Crohn. Es otro padecimiento que puede causar colitis crónica. Se le han atribuido causas genéticas debido a las alteraciones que produce en el sistema inmunitario: el conjunto de defensas del organismo. La enfermedad de Crohn se manifiesta con dolor abdominal de tipo cólico, por regla general en la parte baja del vientre, a veces del lado derecho; diarrea sanguinolenta; disminución del peso corporal; debilidad; dolor de las articulaciones; afecciones de la piel, y fiebre. La incidencia de este padecimiento es mayor en la población de ascendencia judía.

Colitis ulcerativa crónica. Es posible que tenga causa genética, al igual que la enfermedad de Crohn. Se caracteriza por rectorragia (sangrado por el recto), dolores articulares, anemia, disminución del peso

La enfermedad de Crohn y la colitis ulcerativa crónica parecen tener causa genética.

La inclusión abundante de cereales integrales y otras fuentes de fibra en la dieta combate el estreñimiento.

corporal y fuertes dolores abdominales de tipo cólico. En la mayoría de los casos la parte afectada es el recto, mientras que en la enfermedad de Crohn suele ser todo el colon y el íleon (parte del intestino delgado).

Causas funcionales de dolor abdominal

Cuando es crónico, el estreñimiento, o constipación, puede deberse a que se tiene un colon más grande de lo común (megacolon), o a determinados hábitos alimentarios, como no incluir suficiente fibra en la dieta.

Otra causa funcional de dolor abdominal es la intolerancia a la lactosa, trastorno que se manifiesta con dolor, gases y distensión abdominal al ingerir leche o productos lácteos que contienen lactosa.

Dolor abdominal por padecimientos urinarios

El abdomen puede doler cuando se padece una cistitis (inflamación de la vejiga), afección que se manifiesta con un orinar frecuente y con ardor, sensación de que la vejiga no se vacía totalmente y dolor en el bajo vientre (hipogastrio). En la mayoría de los casos la cistitis se debe a infección por bacterias como la *Escherichia coli* o una del género *Klebsiella*. Las infecciones urinarias recurrentes pueden ser síntoma de reflujo vesicoureteral (retroceso de la orina de la vejiga a los uréteres, los conductos por los que aquélla baja de los riñones a la vejiga) o consecuencia de una malformación de las vías urinarias.

La pielonefritis es la inflamación simultánea de los riñones y las pelvis renales, cavidades en forma de embudo de donde arrancan los uréteres. Se ma-

Comer alimentos lácteos no deslactosados produce dolor abdominal en las personas que padecen intolerancia a la lactosa.

nifiesta con dolor de abdomen, costado y espalda, fiebre, escalofríos, malestar general, necesidad de orinar con frecuencia, náuseas, vómito y orina turbia y maloliente.

Es de suma importancia para la salud el tratamiento de las infecciones urinarias, porque de lo contrario los riñones pueden quedar afectados de insuficiencia de por vida.

Los cálculos renales son concreciones minerales que pueden formarse en las vías urinarias, obstruirlas y producir un dolor extremadamente fuerte en abdomen, costado y espalda (el cólico renal), a veces tanto que se ha llegado a comparar con los dolores de parto. En caso de cólico renal se debe acudir a una sala de urgencias para la administración de analgésicos potentes y, si es posible, el desmenuzamiento o fragmentación del cálculo mediante una técnica llamada litotricia, por ondas de choque, para que sea expulsado junto con la orina. El cálculo arrojado debe analizarse para determinar si es de calcio, ácido úrico u otra sustancia.

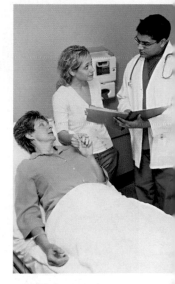

El cólico renal justifica una visita inmediata a la sala de urgencias más cercana.

Dolor abdominal de origen genital

Los órganos genitales pueden verse afectados por trastornos inflamatorios, infecciones o tumores.

Cólico menstrual. Es muy frecuente en las adolescentes. Se localiza en la parte baja del vientre (hipogastrio), es de tipo cólico y puede irradiarse hacia la zona del coxis. Entre sus causas se cuentan la endometriosis (presencia de tejido del endometrio o mucosa del útero fuera de éste), quistes en los ovarios y alteraciones hormonales. Estas últimas se manifiestan con aumento de tamaño del abdomen, generalmente lento, dolor en el bajo vientre e irregularidades menstruales.

Cáncer testicular. Esta enfermedad puede manifestarse con dolor y sensación de pesadez en el bajo

Es necesario determinar la causa del dolor abdominal con los estudios pertinentes.

El dolor de testículos tiene diversas causas.

Cólico menstrual.

vientre y en la espalda, así como con cambios de consistencia, aumento de tamaño, sensación de pesadez o presencia de una masa de distinta consistencia en el testículo afectado. Es el cáncer más frecuente en los hombres de entre 15 y 35 años. Como no siempre causa dolor, los individuos de este grupo de edad deben explorarse los testículos una vez al mes, de preferencia durante una ducha con agua caliente o inmediatamente después de ella, porque es el momento en que descienden más al escroto y son más palpables.

A partir de la pubertad, todos los jóvenes deben practicar esta autoexploración, que consiste en palpar cada testículo con suavidad, sin lastimarse, con los dedos de ambas manos, y sentir toda su superficie en busca de cambios de consistencia, bultos u otras irregularidades. En la parte superior de cada testículo se encuentra el epidídimo, donde se recogen los espermatozoides, y de él arranca el cordón espermático; no hay que confundir ninguno de los dos con un bulto extraño.

Si se advierten alteraciones o dolor en los testículos, se aprecian más grandes o más pequeños o se tiene sensación de pesadez, hay que acudir a un urólogo para someterse a una palpación, un ultrasonido de testículo y otras pruebas. El cáncer testicular es curable si se diagnostica a tiempo.

Dolor de extremidades

L os dolores de brazos y piernas a menudo aquejan a niños y jóvenes, sobre todo en la adolescencia. Las extremidades pueden doler por exceso de ejercicio, trastornos ortopédicos, infecciones, traumatismos (golpes, heridas o accidentes), neuropatías (inflamación o disfunción de uno o más nervios), entre muchas otras causas benignas, si bien en otros casos, por fortuna infrecuentes, el dolor puede ser la primera señal de un osteosarcoma (cáncer de hueso) o de leucemia (cáncer de la sangre).

Causas ortopédicas del dolor de extremidades

En la mayoría de los casos las piernas duelen por defectos ortopédicos como pie plano, pie valgo (desviado hacia dentro), pie varo (desviado hacia fuera) o cortedad de una pierna. Este dolor es somático (es decir, se origina en tejidos como músculo y hueso), opresivo, y casi siempre se manifiesta después de haber hecho ejercicio o haber caminado mucho.

Causas traumáticas

Los traumatismos, es decir, golpes, lesiones o accidentes, producen dolores de intensidad variable. Las

Una causa común de dolor de extremidades son los traumatismos al practicar un deporte.

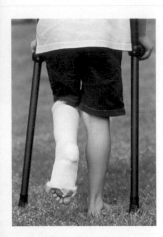

Las fracturas son muy dolorosas.

fracturas causan un dolor intenso, hinchazón de la zona afectada y gran dificultad o incapacidad para mover el miembro fracturado. Cuando el dolor es fuerte, pero podemos mover el pie o la mano y no se observan deformaciones, es probable que se trate de un simple esguince o torcedura.

Causas infecciosas

La osteomielitis (inflamación infecciosa del hueso) puede deberse a bacterias como el estafilococo áureo o un estreptococo del grupo A, entre otras. Se manifiesta con un fuerte dolor en el sitio de la infección, fiebre alta y gran decaimiento.

La artritis séptica es la infección de una o más articulaciones. Entre sus agentes causales están los mismos microorganismos que producen la osteomielitis, pero en el caso de los adolescentes no hay que descartar una infección por gonococos, las bacterias causantes de la gonorrea.

La infección por estreptococo betahemolítico del grupo A, también llamado estreptococo *pyogenes,* puede manifestarse con dolor simultáneo de varias articulaciones e incluso desembocar en una fiebre reumática, entre cuyas manifestaciones se cuenta un tipo de artritis (inflamación de las articulaciones).

Los golpes y las lesiones en las extremidades causan dolores de intensidad variable.

Causas reumatológicas

Hay enfermedades reumáticas, como la artritis reumatoide juvenil, el lupus eritematoso y la espondilitis anquilosante, que se manifiestan con dolores, hinchazón y en ocasiones incluso deformación de las articulaciones. Por lo común están acompañadas de otros síntomas, como fiebre y aparición de manchas en la piel.

Cáncer y leucemia

Aunque el cáncer de hueso es muy poco frecuente, uno de sus primeros síntomas, antes de que aparezca el tumor característico, es dolor en un brazo o una pierna.

El dolor es uno de los principales síntomas de las enfermedades reumáticas.

Los tumores malignos del tejido muscular, que se designan con el nombre de rabdomiosarcomas, casi siempre producen dolor.

La leucemia, o cáncer de la sangre, al principio suele manifestarse con un gran decaimiento, infecciones recurrentes, sangrado de las encías, moretones y petequias, además de dolor de piernas acompañado de un cansancio extremo.

Causas nutricionales

En este apartado cabe mencionar el raquitismo —encorvadura de los huesos y debilidad general debidos a deficiencia de calcio y vitamina D—, y el escorbuto, enfermedad causada por deficiencia de vitamina C.

Causas endocrinas

El mal funcionamiento de la glándula tiroides, como el hipotiroidismo (insuficiencia de hormonas tiroideas), puede ocasionar artralgias (dolor en las articulaciones). Asimismo, el hiperparatiroidismo (exceso en la secreción de las glándulas paratiroides) a menudo se acompaña de dolor de huesos.

Piscina de hidroterapia y rehabilitación para enfermedades o accidentes incapacitantes.

Cuando el dolor de piernas se manifiesta en forma de calambre o ardor (dolor neuropático), la causa puede ser una neuropatía (inflamación o disfunción de uno o más nervios), que a su vez puede ser consecuencia de la diabetes, entre otras causas.

Causas tóxicas

El dolor de brazos o piernas en raras ocasiones es síntoma de intoxicación por plomo (saturnismo), metal que puede estar presente en utensilios de barro, pinturas, herrerías, y algunas fábricas.

Fibromialgia

La fibromialgia es una enfermedad de origen desconocido que puede causar dolor de extremidades. Se manifiesta con dolor en múltiples partes del cuerpo,

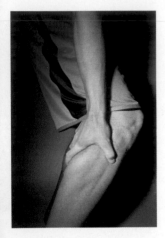

Los calambres en las piernas pueden ser síntoma de una neuropatía.

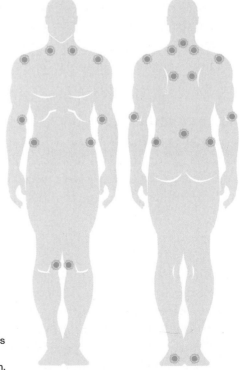

Las personas que sufren fibromialgia presentan múltiples puntos sensibles que el médico encuentra por medio de la palpación.

acompañado de fatiga y depresión. Uno de los síntomas en quienes la padecen es que, a pesar de haber dormido aparentemente bien, al despertar por la mañana sienten fatiga y cansancio, así como dolores en hombros, codos, rodillas, cuello, pecho, espalda y cadera. En el cuerpo hay varios puntos que duelen cuando el médico los palpa: se les llama "puntos gatillo" y se localizan en las partes del cuerpo señaladas en el esquema de la página opuesta.

¿Qué hacer ante el dolor de piernas o brazos?

Si a una persona le duelen las piernas por haber hecho ejercicio después de mucho tiempo de no realizar esfuerzos físicos, no hay de qué preocuparse, pero si el dolor es persistente o recurrente —esto es, que se presenta una o más veces al mes durante más de tres meses—, es necesario estudiarlo para determinar su causa. La persona debe acudir al médico, quien mandará hacer radiografías y estudios de laboratorio. No olvidemos que en muchas ocasiones el dolor es como una llamada de atención de nuestro organismo hacia una lesión o disfunción que de otra manera pasarían inadvertidas.

La fatiga al despertar tras una noche de aparente descanso es síntoma de fibromialgia.

Cuando duele el pecho (dolor torácico)

Las afecciones del corazón no son la única causa de molestias en el pecho.

Cuando nos duele el pecho, nos asustamos pensando que puede tratarse de una afección cardiaca, pero el dolor puede deberse a muchas y muy distintas causas y proceder de los músculos, huesos o cartílagos del tronco; de los pulmones o la membrana que los envuelve (pleura), o del corazón. Algunas veces el dolor de pecho es síntoma de una alteración del esófago, y otras, el reflejo de una úlcera del estómago.

Dolor muscular

Por regla general, el dolor muscular es precedido por un esfuerzo violento o un ejercicio vigoroso, como levantar pesas sin entrenamiento ni calentamiento previos o jugar futbol americano o algún otro deporte rudo. El dolor de este tipo aumenta con el movimiento y se calma con el reposo y la aplicación local de calor.

Dolor de pechos en la mujer

En la mujer adolescente y joven es frecuente que, poco antes del periodo menstrual, los pechos (glándulas mamarias) aumenten un poco de tamaño y duelan como consecuencia de los cambios hormonales que sufre el organismo. A veces los pechos también duelen debido a la presencia de quistes benignos, y sólo en raras ocasiones por un tumor maligno. Sin embargo, toda mujer debe practicarse una autoexploración de los pechos por lo menos una vez al mes para advertir oportunamente cualquier alteración. Si siente algo extraño, debe acudir al médico y someterse a un estudio de ultrasonido y, si él lo juzga conveniente, a una mamografía.

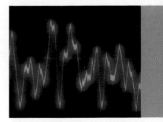

Dolor óseo

El dolor óseo en el pecho sobreviene cuando se sufre alguna fractura o fisura en una costilla como consecuencia de un golpe o accidente. Se trata de un dolor intenso que aumenta con el movimiento y con la respiración profunda. En estos casos se hace necesaria una radiografía.

Autoexploración de los pechos.

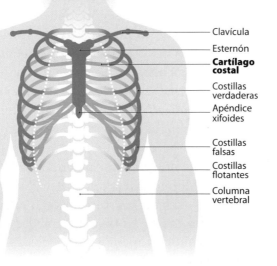

Clavícula

Esternón

Cartílago costal

Costillas verdaderas

Apéndice xifoides

Costillas falsas

Costillas flotantes

Columna vertebral

La costocondritis, que afecta al cartílago de las costillas, es una causa de dolor de pecho.

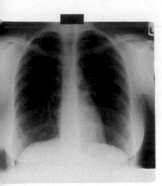
Radiografía de tórax.

Costocondritis

La costocondritis, una inflamación del tejido cartilaginoso de las costillas, es una de las causas más frecuentes de dolor torácico. Puede ser secuela de una enfermedad infecciosa de las vías respiratorias altas o consecuencia del ejercicio. Generalmente afecta a las costillas de un solo lado.

La costocondritis suele afectar al cartílago de las costillas de un solo lado

Síndrome de Tietze

Es una enfermedad caracterizada por la inflamación de la unión entre la clavícula o la segunda costilla y el esternón. Produce un dolor intermitente, moderado, localizado, que aumenta con la tos, los estornudos y los movimientos respiratorios, y que puede durar varias semanas.

Contractura o punzada precordial

También llamada punzada de Teixidor, se caracteriza por un dolor breve (de 30 segundos a cinco minutos de duración), repentino, penetrante, que se manifiesta durante el reposo o al realizar una actividad de mediano esfuerzo; muy localizado (a punta de dedo) en el borde esternal izquierdo o en la punta del corazón (ápex cardiaco). Tiene un inicio súbito que obliga a la persona a contener la respiración momentáneamente, para reanudarla de manera superficial hasta que el dolor se va calmando poco a poco y desaparece. Su frecuencia puede ser desde más de un episodio al día hasta un solo episodio en el transcurso de varios meses. Es una enfermedad benigna, de causa desconocida, pero se ha asociado con las malas posturas.

Punzada precordial.

Causas respiratorias de dolor torácico

Asma bronquial

El asma bronquial es una enfermedad inflamatoria de origen alérgico, que se caracteriza por crisis de falta de aire o sofocación, tos y una respiración silbante debida a que los bronquios se estrechan y obstruyen en mayor o menor medida la entrada de aire a los pulmones. Además de estos síntomas, los ataques de asma bronquial pueden producir dolor de pecho.

Enferma de asma se dispone a aspirar medicamento con un inhalador.

Neumonía

La neumonía es la inflamación de los pulmones, generalmente debida a una infección por bacterias o virus. Se manifiesta con dolor de pecho, tos, fiebre, respiración agitada, expectoración (expulsión de flemas) y sensación de falta de aire. En caso de que se tengan estos síntomas, hay que acudir a un hospital para someterse a una radiografía de tórax y, si el diagnóstico confirma la neumonía, recibir un tratamiento específico.

> Tanto la neumonía como la pleuritis exigen acudir sin tardanza a un hospital

Pleuritis

Es la inflamación de la pleura (la membrana que envuelve los pulmones), casi siempre de causa infecciosa. Se caracteriza por un dolor de pecho que aumenta durante la inspiración. Puede ir desde leve hasta grave, con fiebre, dolor de cabeza, tos y sofocación. Como en el caso de la neumonía, ante estos síntomas se debe acudir sin tardanza a un hospital.

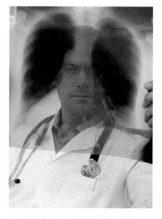
Un médico observa una radiografía en busca de signos de neumonía.

El dolor cardiaco casi siempre sobreviene después de un esfuerzo físico.

Neumotórax

Una causa muy rara de dolor de pecho es la entrada anormal de aire en la cavidad de la pleura, afección conocida como neumotórax. Se manifiesta con falta de aire y un dolor repentino y muy intenso. Se ha observado en personas que consumen mariguana y en quienes padecen enfermedades como la tuberculosis o el enfisema pulmonar. La persona que sufra estos síntomas debe acudir al hospital más cercano.

Causas de dolor torácico relacionadas con el corazón

Curiosamente, las afecciones cardiacas son la causa menos frecuente de dolor de pecho en los adolescentes. Cuando el dolor es de origen cardiaco, casi siempre sobreviene inmediatamente después de un esfuerzo físico. Puede acompañarse de mareo, desmayo o palpitaciones. A veces se siente como si el corazón fallara, galopara o golpeara, y puede experimentarse sudoración profusa y una intensa sensación opresiva en el pecho.

> Las afecciones cardiacas son la causa más infrecuente de dolor de pecho en la adolescencia

Cardiopatías congénitas

Se llama cardiopatías congénitas a un conjunto de enfermedades del corazón que acompañan a la persona desde el nacimiento. Entre ellas se incluyen los defectos de las válvulas del corazón o de los grandes vasos que salen de éste.

Cardiopatías adquiridas

Las enfermedades cardiacas adquiridas comprenden la cardiopatía reumática, una secuela de la fiebre reumática, que se contrae por infección con el estreptococo beta hemolítico del grupo A, también llamado estreptococo *pyogenes,* una bacteria que es capaz de producir infecciones de garganta o escarlatina.

La taquicardia y la bradicardia son dos irregularidades que afectan al ritmo cardiaco

Trastornos del ritmo cardiaco

Esta categoría comprende las arritmias, que son irregularidades muy diversas del ritmo cardiaco; la taquicardia, en la que el corazón late con excesiva repidez, y su contrario, la bradicardia, en la que el latido es demasiado lento. La taquicardia paroxística en particular se caracteriza por palpitaciones (latidos más fuertes y rápidos de lo normal, que la persona percibe claramente), mareos y dolor de tipo opresivo en el pecho. Esta taquicardia puede aparecer en estado de reposo y llevar al desmayo.

Causas gastrointestinales de dolor torácico

Esofagitis

La esofagitis es la inflamación del esófago, el tubo que comunica la faringe con el estómago, a causa del reflujo gastroesofágico: el retroceso del contenido del estómago al esófago, lo cual lesiona la pared de este último con el ácido del jugo digestivo. Se manifiesta con un dolor en la zona del esternón, en medio del pecho. También puede producir dolor en la boca del estómago y molestia en la garganta al deglutir los alimentos. El dolor es ardiente o quemante, casi siempre acompañado de

La taquicardia paroxística puede requerir atención hospitalaria.

acidez, y puede manifestarse después de comer alimentos ácidos o en los ayunos prolongados.

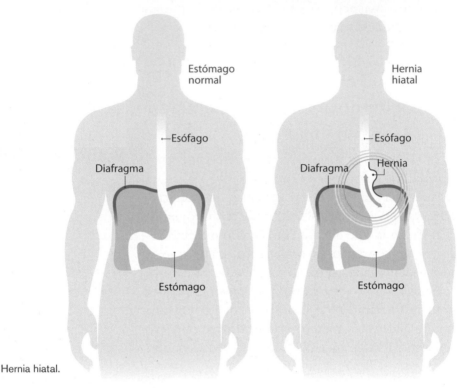

Estómago
normal

Hernia
hiatal

←Esófago

←Esófago

Diafragma

Diafragma

Hernia

Estómago

Estómago

Hernia hiatal.

La comida muy
condimentada puede
agravar la esofagitis.

Hernia hiatal o diafragmática

En la hernia hiatal o diafragmática de tipo interno, una porción del estómago se desplaza hacia arriba, a través de un orificio del diafragma, y queda dentro de la cavidad torácica. Esta hernia, que predispone al reflujo gastroesofágico, se caracteriza por dolor en el pecho, acidez y eructos.

El tratamiento es a base de medidas dietéticas y antiácidos, entre otros medicamentos. En algunas ocasiones se hace necesaria una intervención quirúrgica.

Causas psicógenas de dolor torácico

Cuando estamos sometidos a muchas tensiones o no expresamos nuestros sentimientos, éstos tienden a salir a la superficie y a manifestarse en forma de síntomas físicos, uno de los cuales puede ser el dolor. Aunque siempre se deben estudiar las causas del dolor, cabe la posibilidad de que éste sea de origen psicológico.

En inglés, "dolor" se dice *pain,* vocablo derivado del latín *poena*, que significa "castigo". Muchas veces nos castigamos de manera inconsciente porque nos culpamos sin necesidad de situaciones de las que no somos responsables. Quien crea tener un dolor de este tipo debe buscar ayuda profesional.

El estrés es una de las posibles causas de dolor de origen psicológico.

Cuando duele la espalda (dorsalgia y lumbalgia)

Las posturas forzadas son una causa importante de dolor de espalda.

Aunque el dolor de espalda es más frecuente en los adultos, también los adolescentes pueden sufrirlo con relativa frecuencia. La espalda puede doler por muchas causas. La más común son las lesiones musculares derivadas de actividades deportivas o ejercicios forzados. Cuando el dolor se localiza en la parte alta de la espalda se llama dorsalgia, y lumbalgia o lumbago cuando es en la parte baja.

El dolor de espalda se llama dorsalgia o lumbalgia según se localice en la región torácica o en la lumbar

Dentro de la columna vertebral se encuentra la médula espinal, y de ésta salen los nervios que nos permiten sentir y movernos. La columna consta de siete vértebras cervicales (C), doce vértebras dorsales, también llamadas torácicas (T), cinco vértebras lumbares (L), el sacro (S) y el coxis.

Trastornos mecánicos (derivados de la postura o los movimientos)

Trastornos posturales

Una mala postura adoptada durante un tiempo más o menos prolongado (por ejemplo, cuando nos sentamos a escribir en la computadora, pero en vez de mantener la espalda erguida nos encorvamos hacia la pantalla) puede ocasionar dolor de espalda. Lavar platos o ropa en posiciones forzadas es otra causa de dorsalgia.

Sobrepeso

Es gracias a la columna vertebral como podemos sostener el torso erguido y mantenernos de pie, pero si hacemos esfuerzos excesivos, cargamos con objetos demasiado pesados o tenemos sobrepeso, le imponemos una sobrecarga de trabajo que tarde o temprano se manifestará con dolor de espalda.

Estrés

El estrés también puede producir dolor de espalda, porque ante las situaciones preocupantes tendemos a contraer los músculos del cuerpo, lo que a la larga ocasiona dolor.

Exceso de ejercicio (cansancio muscular)

Cuando forzamos a los músculos a trabajar, ellos protestan con dolor. Por eso el ejercicio siempre debe adoptarse de manera gradual y practicarse con

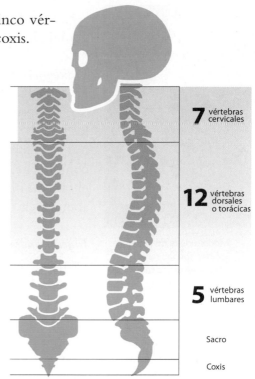

7 vértebras cervicales

12 vértebras dorsales o torácicas

5 vértebras lumbares

Sacro

Coxis

Columna vertebral.

Entre las causas del dolor de espalda está el estrés.

Modelo de la columna lumbar con las raíces nerviosas que arrancan de la médula espinal.

regularidad; nunca hacerlo en forma intensa si se ha perdido la condición física.

Deficiencias de vitaminas o minerales

La deficiencia de vitamina D y calcio puede provocar raquitismo, que se manifiesta con deformidad de los huesos y dolor en ellos. Para prevenir el raquitismo debemos consumir alimentos ricos en calcio, como leche, queso y otros productos lácteos, tomar el sol con moderación y comer frutas y verduras en abundancia.

Enfermedades inflamatorias

Éstas pueden producir un dolor de espalda por inflamación de las articulaciones vertebrales, como sucede en la artritis reumatoide.

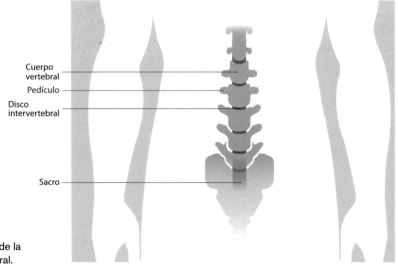

Cuerpo vertebral
Pedículo
Disco intervertebral
Sacro

Región lumbar de la columna vertebral.

Hernia de disco

La columna vertebral está formada por las vértebras. Entre una vértebra y otra se encuentran los discos intervertebrales, que son como pequeños colchones redondos u ovalados que sirven para amortiguar los impactos. Cuando hacemos un esfuerzo excesivo, como levantar un objeto pesado agachándonos, es posible que un disco se salga parcialmente de su lugar, lo que se conoce como hernia de disco. La porción saliente del disco casi siempre comprime una de las raíces de los nervios que arrancan de la médula espinal.

En la mayoría de los casos el disco se hernia en la región lumbar (parte baja de la espalda), donde produce un intenso dolor de tipo calambre que puede irradiarse desde allí hacia la nalga y la parte posterior del muslo y la pantorrilla. Esto ocurre cuando la raíz comprimida es la del nervio ciático, que recorre la pierna. El dolor restringe los movimientos, que se realizan con mucha dificultad. La persona que sufra esta afección debe consultar al médico y seguir el tratamiento prescrito, que casi siempre implica guardar reposo.

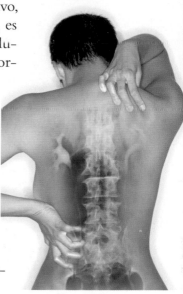

El papel de la columna vertebral como sostén del cuerpo la expone a diversos trastornos.

Disquitis
Es la inflamación de un disco intervertebral como consecuencia de una infección o un proceso inflamatorio no infeccioso. Sus síntomas son dolor localizado (que no se irradia) en la zona afectada, decaimiento y rigidez de la espalda.

> La hernia de disco casi siempre comprime la raíz de un nervio espinal

Espondilolistesis
Es el deslizamiento o desplazamiento de una vértebra sobre otra. Las vértebras afectadas con mayor frecuencia son la cuarta y la quinta lumbares (L4-L5), así como la quinta lumbar y la primera de las vértebras soldadas que constituyen el sacro (L5-S1).

Sobrepeso y mala postura.

La espondilolistesis en L5 y S1 a menudo causa dolor por compresión de las raíces nerviosas, afección progresiva que recibe el nombre de lumbociática.

Espondilolisis
Es la fractura de la parte interarticular de dos vértebras contiguas. Predomina en los jóvenes deportistas, como gimnastas, futbolistas y bailarines, y suele localizarse en la parte baja de la espalda. El dolor aumenta con la actividad y disminuye con el reposo.

Tanto en el caso de la espondilolistesis como en el de la espondilolisis, se llega al diagnóstico por medio de radiografías.

Enfermedad de Scheuermann
La cifosis dorsal juvenil, o enfermedad de Scheuermann, que se caracteriza por la aparición de una joroba en la parte alta de la espalda, es consecuencia de la separación de varias vértebras, y su causa se desconoce. Para compensar, la columna se curva hacia delante en la zona lumbar (hiperlordosis), lo que ocasiona dolor en la parte baja de la espalda (lumbalgia).

Las gimnastas jóvenes son más propensas a la espondilolisis.

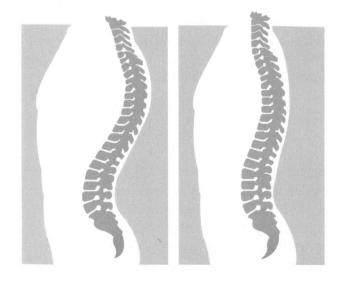

Diferencias entre una columna vertebral con cifosis (izquierda) y una columna normal.

Enfermedades reumáticas

El dolor de espalda también puede ser manifestación de una enfermedad reumática, como la espondilitis anquilosante o la artritis reumatoide.

Espondilitis anquilosante

Es una enfermedad crónica que tiene mayor incidencia entre la población masculina. Se caracteriza por una inflamación de las articulaciones situadas entre las vértebras, así como entre la columna vertebral y la pelvis (vértebras sacroiliacas). Conforme pasa el tiempo las vértebras terminan por fusionarse. Los síntomas incluyen dolor en la región lumbar y en la cadera, así como en las articulaciones sacroiliacas, que puede extenderse hacia la parte alta de la columna vertebral; empeora por las mañanas y mejora al flexionar la cintura. Otros síntomas son fatiga, dolor en los talones, pérdida de peso, limitación de los movimientos y rigidez.

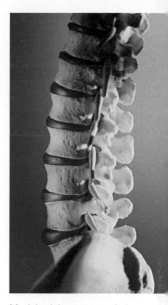

Modelo del segmento de la columna vertebral afectado por la espondilitis anquilosante.

Tumores

En la columna vertebral también pueden aparecer tumores benignos o malignos, aunque no son frecuentes. Uno de los síntomas es el dolor, principalmente nocturno. También se producen, entre otros síntomas, alteraciones de la sensibilidad y dificultad para mover una u otra extremidad, según la localización del tumor.

Dolor de origen genital en el hombre

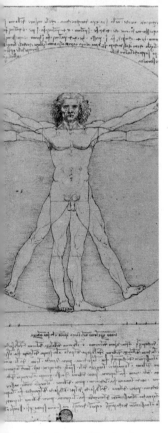

Hombre de Vitruvio, de Leonardo da Vinci.

L os órganos genitales también pueden doler por diferentes razones, desde enfermedades infecciosas hasta traumatismos y tumores.

El aparato genital masculino está dividido en genitales externos e internos. Consta del pene, los testículos, los epidídimos, las vesículas seminales y la próstata.

Epididimitis aguda

Es la inflamación de uno o ambos epidídimos, generalmente a causa de una infección por clamidias (bacterias del género *Chlamydia*) en jóvenes y hombres menores de 40 años, y por bacterias coliformes en los mayores de esa edad.

La epididimitis suele deberse a una infección bacteriana

Se caracteriza por un dolor que se manifiesta gradualmente en el epidídimo afectado, seguido en días o en horas por aumento de la sensibilidad, inflamación y enrojecimiento del escroto, fiebre, escalofríos

y malestar general. El dolor puede irradiarse hacia arriba, a la zona donde se encuentra el cordón espermático, y disminuye si la persona se acuesta boca arriba. En la mayoría de los casos, poco antes de la epididimitis se presenta una salida de secreción por la uretra, el conducto por donde sale la orina desde la vejiga urinaria, y el semen desde la próstata y las vesículas seminales.

Todo aquel que contraiga una epididimitis aguda debe acudir al médico. El tratamiento es a base de antibióticos.

Epididimitis crónica

Suele ser consecuencia de una infección por bacterias en personas que tienen alguna malformación congénita en las vías urinarias o padecen prostatitis (inflamación de la próstata). Los síntomas son dolor, inflamación, enrojecimiento y dolor a la palpación en los testículos, hacia la zona de los epidídimos.

Aparato reproductor masculino.

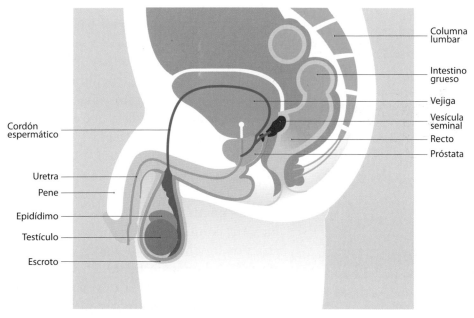

Cordón espermático

Uretra
Pene
Epidídimo
Testículo
Escroto

Columna lumbar
Intestino grueso
Vejiga
Vesícula seminal
Recto
Próstata

El tratamiento comprende la administración de antibióticos, el uso de un suspensorio y la reducción de la actividad física durante varios meses.

La orquitis puede ser secuela de una infección viral como las paperas

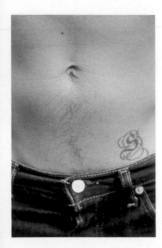

El dolor de la torsión testicular puede irradiarse a la parte baja del abdomen.

Torsión testicular y del cordón espermático
La torsión de un testículo se presenta con mayor frecuencia en los adolescentes y adultos jóvenes. Consiste en un giro de entre 90 y 120 grados del testículo y el cordón espermático sobre su eje vertical. El peligro de la torsión radica en el estrangulamiento del cordón y la consiguiente falta de circulación en el testículo afectado, que puede llevar a perderlo. En la mayoría de los casos el testículo que sufre la torsión es el izquierdo.

Los síntomas son dolor intenso que se manifiesta de improviso, muchas veces por la noche, y que puede irradiarse hacia la ingle y la parte baja del abdomen. El testículo afectado se hincha y se vuelve sumamente sensible a la palpación. La torsión puede acompañarse de cambios de coloración del escroto, así como náuseas, vómito y fiebre. Constituye una urgencia médica que exige tratamiento quirúrgico inmediato.

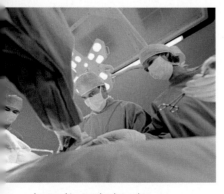

La torsión testicular exige una operación de urgencia.

Orquitis
Es una inflamación de uno o ambos testículos, que puede deberse a una infección por un virus como el de las paperas. Se caracteriza por hinchazón y dolor en el testículo afectado, además de fiebre. El dolor no es tan intenso como en el caso de la torsión testicular, pero resulta molesto.

Cáncer testicular

Es el cáncer más frecuente en los hombres de entre 15 y 35 años de edad. Puede manifestarse con una sensación de pesadez y alteraciones en la consistencia de un testículo, como endurecimiento o aparición de nódulos en su contorno; en ocasiones produce un dolor vago en la ingle. De ahí que sea indispensable la autoexploración mensual de ambos testículos.

Balanitis

Es la inflamación del glande, o cabeza del pene, y se presenta con mayor frecuencia en hombres no circuncidados. Las causas pueden ser infecciones por falta de higiene personal, por bacterias transmitidas en una relación sexual o por el uso de sustancias irritantes presentes en perfumes y jabones. El abuso de los antibióticos también puede propiciar las infecciones por hongos, como la candidiasis. Se manifiesta con dolor y enrojecimiento del glande, y a veces incluso el roce de la ropa resulta incómodo.

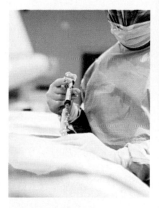

Administración de quimioterapia a un enfermo de cáncer.

Las infecciones genitales pueden deberse a falta de higiene o a actividad sexual sin protección

Herpes genital

Es una enfermedad de transmisión sexual, consistente en la infección de la zona genital por el virus del herpes tipo 2. Algunos de sus síntomas son fáciles de reconocer, mientras que otros pueden confundirse con los de enfermedades distintas. El herpes también puede presentarse en su forma "silenciosa", es decir, sin manifestaciones. En muchos casos la persona afectada tiene síntomas tan leves que no se da cuenta de que es portadora de la enfermedad.

El herpes genital es causado por el virus del herpes simple tipo 2.

El signo más característico del herpes genital es la aparición de pequeñas vesículas transparentes agrupadas y rodeadas de una aureola roja en pene, escroto, ingles, nalgas y alrededor del ano. En la mayoría de los casos esta erupción se acompaña de dolor, ardor o comezón.

Para prevenir el contagio del herpes genital es indispensable el uso del condón

Como el herpes genital puede provocar úlceras en la uretra, es posible que también se sienta un dolor ardiente al orinar.

Las lesiones generalmente aparecen en el glande y en el cuerpo del pene, y menos a menudo en escroto, ingles y nalgas. Las vesículas evolucionan hasta convertirse en pústulas (granos llenos de pus) y luego en costras. En 30 a 40 por ciento de los casos en que la uretra está afectada sale del pene una secreción mucosa. Los ganglios de las ingles con frecuencia se inflaman.

Es una enfermedad crónica y los síntomas son recurrentes. El tratamiento es a base de antivirales. Para prevenir el contagio es indispensable el uso del condón.

Cáncer testicular

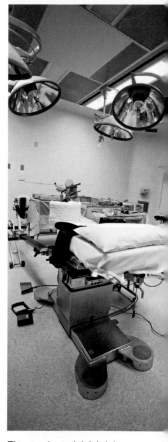

Los testículos, glándulas encargadas de producir hormonas sexuales masculinas y espermatozoides (gametos masculinos contenidos en el esperma), están suspendidos dentro del escroto. El cáncer testicular, aunque inusual, es el más frecuente en los hombres de entre 15 y 35 años de edad. Si se descubre a tiempo, es curable.

Los síntomas comprenden dolor, sensación de pesadez, endurecimiento, cambio de consistencia, abultamiento o presencia de uno o más nódulos en el testículo afectado; dolor sordo en la ingle del mismo lado o en la parte baja del abdomen o la zona lumbar de la espalda; acumulación repentina de líquido en el escroto; fatiga inexplicable y malestar general.

La enfermedad a veces se acompaña del crecimiento de una o ambas mamas. Aunque esto puede ser normal y pasajero en los adolescentes varones, deben revisarse los testículos en busca de los síntomas enumerados.

Uno de los factores de riesgo que predisponen al cáncer testicular es la criptorquidia: ausencia de uno o ambos testículos en el escroto, por estar todavía alojados dentro del abdomen como lo están en la

El tratamiento inicial del cáncer testicular es quirúrgico.

Es durante la gestación cuando los testículos del feto descienden.

etapa fetal. Durante el desarrollo intrauterino descienden, pero en ocasiones no es así. Aunque se les baje por medios quirúrgicos, el riesgo de que se desarrolle un cáncer testicular persiste, si bien en la mayoría de los casos de la enfermedad no hay el antecedente de criptorquidia.

Otro factor de riesgo de cáncer de testículo son las anomalías congénitas del desarrollo testicular a causa de enfermedades genéticas como el síndrome de Klinefelter, las malformaciones del pene o los riñones, y la hernia inguinal.

Quienes han padecido cáncer en un testículo corren más riesgo de que la enfermedad se desarrolle en el otro. De igual manera, si un hombre ha sufrido cáncer testicular, sus familiares varones tienen mayores probabilidades de contraerlo.

Así como la enfermedad ocurre con mayor frecuencia en el grupo de entre 15 y 35 años de edad, es más frecuente en los varones del grupo étnico blanco y menos en los grupos étnicos negro y asiático; no se sabe por qué.

¿Cómo descubrirlo a tiempo?
La mejor manera de descubrir el cáncer de testículo con suficiente antelación para tratarlo con éxito es la autoexploración. Así como toda mujer debe palparse y observarse las mamas con regularidad, los hom-

Un baño caliente es un momento propicio para la autoexploración de testículos.

bres deben palparse los testículos por lo menos una vez al mes en busca de cambios de consistencia o abultamientos.

Forma de realizar la autoexploración testicular
Se recomienda practicarla una vez al mes, durante una ducha con agua caliente o inmediatamente después, o bien, acostado en la cama antes de dormir, porque en esas circunstancias el escroto está más distendido y los testículos se pueden palpar con mayor facilidad. Para hacerlo conviene utilizar los pulgares, índices y cordiales de ambas manos o todos los dedos, como resulte más cómodo.

Levantando el pene con una mano, con la otra hay que recorrer poco a poco toda la superficie de un testículo, ejerciendo una ligera presión, en busca de bultos, tumoraciones, endurecimientos o cambios de consistencia. La operación se repite luego con el otro testículo.

A falta de bañera, una ducha caliente también es adecuada para la autoexploración de testículos.

Manera de palpar los testículos.

Además de dichas anomalías, hay que determinar si ha disminuido la movilidad del testículo dentro del escroto. Es normal palpar un cordón que recorre cada testículo de arriba abajo por la parte posterior: son el epidídimo y el cordón espermático. Ante

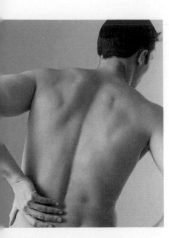

El dolor del cáncer testicular puede irradiarse hasta la zona lumbar.

cualquier duda, lo más recomendable es consultar a un urólogo.

Los testículos normales tienen una consistencia firme al tacto, son movibles y lisos, sin protuberancias ni partes endurecidas. Si se nota que están fijos o presentan tumoraciones, endurecimientos o abultamientos, hay que acudir al médico de inmediato.

Otros signos de alarma son los cambios de tamaño o consistencia (en especial el endurecimiento) de un testículo, la presencia en su superficie de masas, protuberancias o nódulos; el dolor o una sensación de presión o pesadez; el dolor localizado en una ingle, y cualquier otra cosa fuera de lo común en el testículo o en el escroto.

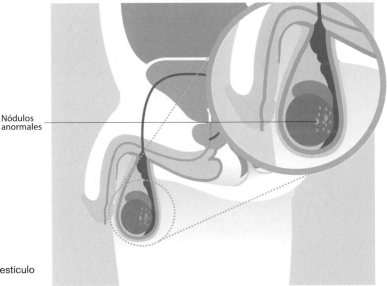

Nódulos anormales

Diagrama de un testículo con nódulos.

Diagnóstico del cáncer testicular

Después de que el médico realice una revisión minuciosa, debe ordenar exámenes de laboratorio y gabinete. Los primeros implican análisis de sangre para medir marcadores tumorales, sustancias que se encuentran en mayor concentración cuando hay cáncer. Estos marcadores son la alfafetoproteína (AFP) y la fracción beta de la gonadotropina coriónica (βHCG), además de la deshidrogenasa láctica (LDH). Por lo que toca a los exámenes de gabinete, la ultrasonografía testicular puede mostrar la presencia de una masa o arrojar información sobre otros trastornos, como la inflamación del testículo o el hidrocele, acumulación en éste de líquido benigno.

La prevención del cáncer supone un estilo de vida saludable y una actitud vigilante del propio estado de salud.

Dolor de origen genital en la mujer

Los cólicos menstruales pueden durar de 24 a 72 horas.

Los órganos genitales femeninos se dividen en internos y externos. Los internos son el útero o matriz, los ovarios, las trompas uterinas o de Falopio —así llamadas en honor de Gabriele Fallopio (1523-1562), el médico italiano que las describió por primera vez—, y la vagina. Los genitales externos están constituidos por la vulva, que comprende los labios mayores, los labios menores y el introito o entrada de la vagina.

La causa más común de dolor en los órganos reproductores femeninos es la que se presenta durante la menstruación o regla: los molestos cólicos menstruales, conocidos como dismenorrea en lenguaje médico. El dolor en la zona genital también puede deberse a la inflamación de las trompas de Falopio (salpingitis) o los ovarios (ooforitis), a la presencia de quistes y, en raras ocasiones, a la presencia de un cáncer de ovario.

Hay causas de dolores que son una urgencia médica; por ejemplo, la torsión de una trompa o un ovario, o un embarazo en que el embrión se implanta en una trompa uterina u otro lugar fuera del útero (embarazo ectópico).

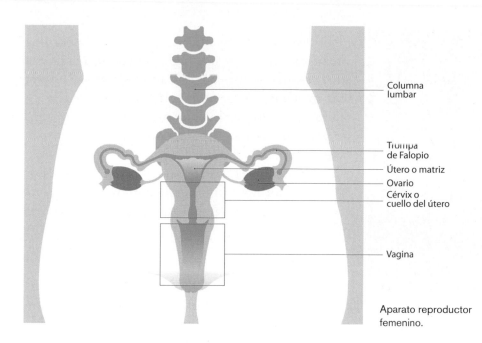

Columna
lumbar

Trompa
de Falopio

Útero o matriz

Ovario

Cérvix o
cuello del útero

Vagina

Aparato reproductor
femenino.

Dismenorrea (cólicos menstruales)

Muchas jóvenes y 50 por ciento de las mujeres adultas sufren de los molestos cólicos de regla, consistentes en dolores intermitentes de tipo cólico en la parte baja del vientre, que en ocasiones se irradian hacia atrás, a la zona lumbosacra y hacia los muslos. A veces están acompañados de náuseas, vómito y diarrea. El dolor se inicia inmediatamente antes o en el transcurso del primer día de la regla y puede durar desde 24 hasta 72 horas.

Los cólicos se deben a la contracción del músculo del útero y a la producción de prostaglandinas y leucotrienos, sustancias que intervienen en la inflamación y el dolor, y que sensibilizan los nervios de la zona genital.

La dismenorrea puede ser primaria (cuando no hay una causa para que se manifieste) o secundaria (como consecuencia de alguna alteración). La dismenorrea primaria se presenta desde las primeras menstruaciones y suele repetirse cada mes.

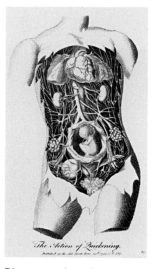

Diagrama antiguo de una
mujer gestante.

Los cólicos menstruales pueden interferir con las actividades cotidianas, ya sean de trabajo o de recreo.

La dismenorrea secundaria es ocasionada por una alteración interna, y por regla general se manifiesta años después de haberse iniciado las reglas. La causa más frecuente es la endometriosis: la presencia de tejido del endometrio (mucosa del útero) en otros órganos del aparato reproductor, lo que provoca sangrado interno y dolor.

La dismenorrea también puede estar causada por fibromas uterinos (tumores benignos de tejido fibroso en la matriz) o por la enfermedad inflamatoria pélvica.

Salpingitis

Es la inflamación de las trompas de Falopio. La hay de dos tipos: aguda y crónica. La aguda es la que se presenta de manera repentina, mientras que la crónica se mantiene constante durante un lapso determinado. Los síntomas son dolor en la parte baja del vientre, salida de flujo anormal (maloliente), fiebre, náuseas, vómito, relaciones sexuales dolorosas, dolor en el tiempo de la ovulación, dolor al orinar (éste también se produce en caso de infección de las vías urinarias), sangrado entre menstruaciones y cuenta elevada de glóbulos blancos.

La salpingitis es causada por gérmenes, ya sean bacterias u hongos. Entre las bacterias que pueden producirla se cuentan la *Neisseria gonorrhoeae* (agente causal de la gonorrea), la *Chlamydia trachomatis,* la *Gardnerella vaginalis,* la *Escherichia coli,* la *Proteus mirabilis,* diversas bacterias del género *Klebsiella,* el estreptococo hemolítico del grupo B, el *Mycoplasma hominis* y el *Mycobacterium tuberculosis.*

Los gérmenes entran a través de la vagina, generalmente por contacto sexual con una persona que porta el microorganismo infeccioso. La salpingitis también puede contraerse como consecuencia del uso de tampones que no se desechan con frecuencia,

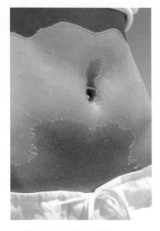

Zona de dolor de la salpingitis.

porque la sangre acumulada es un medio propicio para la proliferación de bacterias.

Los factores de riesgo que predisponen a la salpingitis son las enfermedades de transmisión sexual (ETS), el hecho de tener múltiples compañeros sexuales, el aborto y el uso de dispositivo intrauterino.

Para prevenirla se recomiendan duchas vaginales dos veces por semana, el uso riguroso del condón al tener relaciones sexuales, el empleo de toallas sanitarias en vez de tampones y, en el caso de utilizar éstos, cambiarlos con frecuencia.

El bidé facilita la higiene íntima.

Quiste ovárico

El quiste ovárico es un pequeño saco esférico lleno de líquido, que se desarrolla en la superficie del ovario. La mayoría de los quistes no producen síntomas, pero a veces pueden manifestarse con dolor pélvico y sangrados irregulares.

Torsión de quiste ovárico

En algunas ocasiones los quistes de ovario se tuercen precisamente en el lugar de donde salen los vasos sanguíneos que los nutren. La torsión se caracteriza por un dolor agudo, repentino y muy intenso en la parte baja del vientre, del lado del ovario afectado, que a veces se confunde con apendicitis. El dolor puede acompañarse o no de náuseas y vómito.

Quiste
ovárico

Cáncer de ovario

Es un cáncer muy poco frecuente, y sólo en etapas avanzadas produce síntomas. Uno de ellos es el dolor pélvico. Si un tumor maligno invade las raíces nerviosas del ovario, puede causar un dolor ardiente, calambres, adormecimiento y

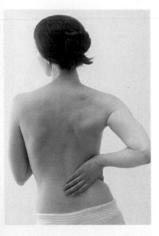

Un dolor ardiente en la baja espalda puede ser síntoma de cáncer de ovario cuando éste se ha extendido a las raíces nerviosas.

otras sensaciones anormales en la parte baja de la espalda, además de otros síntomas, como pérdida de peso inexplicable y decaimiento.

Embarazo ectópico

El embarazo ectópico tiene lugar cuando el embrión se implanta fuera de la matriz (por ejemplo, en una trompa uterina), y al crecer rompe ésta, lo que provoca sangrado y pone en peligro la vida. Causa dolor agudo, repentino y muy intenso en la región del bajo vientre, caída de la presión arterial e incluso estado de choque. Es una urgencia médica que exige una solución quirúrgica.

El embarazo ectópico, o fuera de lugar, requiere atención inmediata

Vulvodinia

La vulvodinia es el dolor crónico (durante un lapso prolongado), sin causa aparente, en la vulva. Es de tipo ardoroso, quemante, con sensación de piquetes de agujas, a veces acompañado de irritación. Puede estar bien localizado o ser difuso. La vulva puede estar inflamada o tener un aspecto normal. La vul-

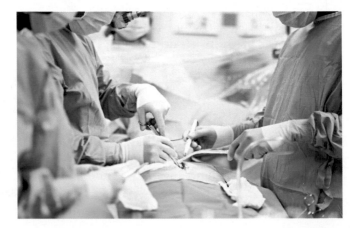

El tratamiento del embarazo ectópico es quirúrgico.

vodinia afecta a mujeres de cualquier edad y grupo étnico. Algunos estudios la han relacionado con antecedentes de abuso sexual en la infancia, pero otros indican lo contrario. El virus del papiloma humano puede ser un agente causal de vulvodinia.

Algunos trastornos genitales femeninos tienen un fondo psicosomático y responden bien a la psicoterapia.

Cuando duelen los dientes

El dolor de dientes es uno de los más frecuentes en el ser humano, desde la leve molestia que sentimos en la infancia cuando se nos está cayendo una pieza, hasta los intensos dolores producidos por las caries y los abscesos periodontales.

Este dolor suele ser consecuencia de la caries dental (picadura de dientes), que a su vez puede deberse tanto a falta de cuidado e higiene como a factores genéticos y ambientales.

El dolor dental también puede ser resultado de traumatismos (golpes), pérdida de las restauraciones hechas por el dentista, o trastornos periodontales (alrededor del diente).

Caries dental

Las caries son lesiones en forma de picaduras en las piezas dentales. Se forman por la combinación de bacterias, residuos de alimento y saliva. Las bacterias presentes en la boca convierten los alimentos, sobre todo los azúcares y los almidones, en un ácido que se mezcla con la saliva y forma una placa (la placa dentobacteriana) que se adhiere al diente. Con el paso del tiempo, si la placa no se limpia, se convierte en sarro.

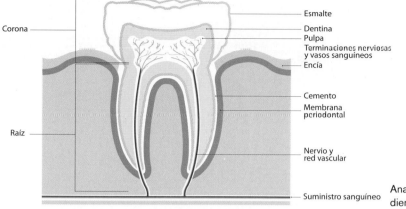

Corona

Esmalte
Dentina
Pulpa
Terminaciones nerviosas
y vasos sanguíneos
Encía

Cemento
Membrana
periodontal

Raíz

Nervio y
red vascular

Suministro sanguíneo

Anatomía de un
diente normal.

Los ácidos de la placa van carcomiendo el diente, destruyéndolo prácticamente y dejando orificios, las caries, que pueden extenderse hasta la pulpa e incluso el nervio, lo que produce el molesto dolor de muelas.

La placa empieza a formarse 20 minutos después de comer y, si no se retira, no sólo producirá nuevas caries, sino que las existentes se irán haciendo cada vez más grandes y profundas.

Conviene cepillarse los dientes dentro de los 20 minutos que siguen a cada comida

Absceso dental

El absceso dental es la acumulación de pus y la inflamación de los tejidos internos del diente debido a una fuerte infección derivada de una caries no tratada o mal tratada.

El absceso se acompaña de un dolor fuerte, continuo, pulsátil o punzante, sobre todo al masticar, mal aliento, inflamación de los ganglios del cuello, y en ocasiones fiebre e hinchazón de una parte de la cara.

Una dentadura sana.

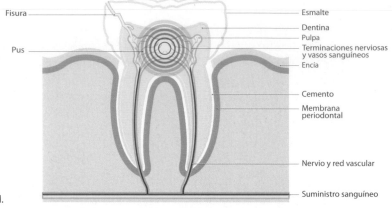

Fisura — Esmalte
Dentina
Pulpa
Pus — Terminaciones nerviosas
y vasos sanguíneos
Encía

Cemento
Membrana
periodontal

Nervio y red vascular

Suministro sanguíneo

Absceso dental.

Si el absceso no se trata a tiempo, puede complicarse con la pérdida del diente y la propagación de la infección a los tejidos blandos circundantes. La infección también puede extenderse al maxilar, donde provoca osteomielitis, a otras partes del cuerpo, como el cerebro, donde ocasiona abscesos; al corazón, lo que produce pericarditis, es decir, inflamación del pericardio o envoltura del corazón, o a los pulmones, lo que ocasiona neumonía.

Parece increíble que una infección en los dientes pueda llevar a enfermedades que ponen en peligro la vida. Por eso hay que acudir al dentista con regularidad y ante cualquier síntoma de dolor o hinchazón, sobre todo si se tiene caries.

Gingivitis.

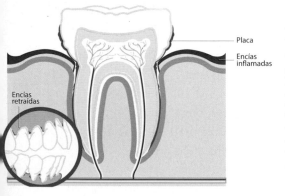

Placa
Encías
inflamadas

Encías
retraídas

Gingivitis

La gingivitis, que también puede causar dolor, se caracteriza por la inflamación de las encías debido a la presencia de placa y a la acumulación de bacterias. Las encías se retraen, enrojecen y sangran con facilidad. Para evitarla es necesario cepillarse los dientes y pasarse por ellos el hilo dental con regularidad.

Periodontitis

La periodontitis es una inflamación de los tejidos que rodean los dientes, en la cual las encías se retraen y forman sacos infectados. Si no se atiende, puede destruir el hueso y otros tejidos de sostén de la dentadura, con la consiguiente pérdida de las piezas afectadas. Los factores de riesgo comprenden el tabaquismo, el estrés, la diabetes y los cambios hormonales en la mujer.

Hay que cepillarse los dientes
y pasarse el hilo
dental con regularidad

Los síntomas son mal aliento, enrojecimiento e inflamación de las encías, dolor al masticar, y dientes flojos y sensibles. Es indispensable confiar el tratamiento a un odontólogo, quien realizará una limpieza profunda con raspado y alisado de las raíces dentarias.

El cuidado de dientes y encías es indispensable para evitar enfermedades.

El dolor producido por el cáncer

Lazo rosa, símbolo de la conciencia del cáncer de mama.

Cuando una persona tiene cáncer, en la mayoría de los casos padece dolores en una o varias partes del cuerpo. Se puede afirmar que el cáncer no es una sola enfermedad, sino un sinnúmero de ellas. Se caracteriza por la multiplicación y el crecimiento desmedidos y anormales de las células, que forman tumores malignos, así llamados porque se propagan con relativa facilidad a partes del cuerpo alejadas del punto donde aparecieron.

Los jóvenes pueden sufrir cáncer de hueso (osteosarcoma), tumores cerebrales, tumores de los músculos (rabdomiosarcomas) y leucemia (cáncer en la sangre), además de cáncer de testículo.

El cáncer no siempre es doloroso, pero en 95 por ciento de los casos la persona que lo padece experimenta dolores tarde o temprano, ya sea a causa del propio tumor o de los tratamientos utilizados para combatirlo.

Causas de dolor por cáncer

En los enfermos de cáncer el dolor puede deberse a la presencia del tumor o tejido maligno, a causas incidentales, a los procedimientos diagnósticos o a la terapia anticancerosa.

El dolor provocado por el tumor puede ser directo o indirecto. El directo se debe al crecimiento de la neoplasia (el tumor) y a su invasión de otros tejidos, como el hueso y la médula ósea o los músculos. Otra causa de dolor por cáncer es la distensión de las cápsulas que encierran las vísceras macizas, como el hígado y el bazo, la obstrucción de vísceras huecas, como los intestinos grueso y delgado, o la compresión de un nervio.

Cuando el tumor crece, puede comprimir los nervios que conducen la sensibilidad, lo que produce un dolor ardoroso, parecido a un calambre, al que se llama dolor neuropático; es decir, que se origina en una parte del sistema nervioso.

En ocasiones los tumores ocluyen, o cierran, alguna parte del aparato digestivo (el intestino, por ejemplo) o del genitourinario (como la uretra o la vejiga). Cuando el órgano afectado es una víscera hueca, la sensación que se percibe es un retortijón o dolor de tipo cólico.

Otras veces los tumores hacen que las cubiertas de algunos órganos, como el hígado o el bazo, se distiendan y duelan. Por regla general este dolor es continuo, caracterizado por una sensación de pesadez, y hay quienes lo describen como "sordo". Puede doler el costado derecho, donde está el hígado; el

En 95 por ciento de los casos de cáncer el enfermo padece dolores tarde o temprano.

El aumento de la presión en el interior del cráneo origina intensos dolores de cabeza.

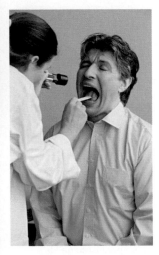

Algunos hongos oportunistas atacan la mucosa de la boca.

izquierdo, donde se localiza el bazo, o bien, la boca del estómago, donde se encuentra el páncreas. El dolor a veces se irradia a los lados, hacia abajo, hacia arriba o a la espalda.

Cuando aumenta la presión dentro del cráneo a causa de un tumor, se padece un dolor de cabeza intenso, además de visión borrosa, mareo y vómito en proyectil (a distancia).

Dolores relacionados con el tratamiento del cáncer
Estos dolores pueden producirse como efectos colaterales o adversos de los medicamentos, o derivarse de una intervención quirúrgica.

Dolores provocados por medicamentos
Al tratamiento del cáncer con medicamentos se le llama quimioterapia. Los fármacos anticancerosos, además de destruir las células malignas, pueden destruir células normales como glóbulos blancos, lo que reduce las defensas del organismo y lo vuelve propenso a las infecciones por hongos. Éstos pueden atacar las mucosas, como la de la boca, y producir el algodoncillo, que es doloroso.

Otras medicinas causan dolores en los nervios (neuralgias), así como en el abdomen porque disminuyen la movilidad de los intestinos o afectan al páncreas.

La radioterapia puede causar una dermatitis dolorosa

Entre los dolores derivados de la cirugía están los siguientes:

1. Dolor postoperatorio: el que se sufre después de una intervención quirúrgica.

2. Dolor de miembro fantasma: el que puede su-

frir una persona en una extremidad que le han amputado.

3. Dolor por traumatismo nervioso, que se debe a la lesión de uno o más nervios al ser cortados en la operación.

La radioterapia, utilizada para disminuir el tamaño de los tumores, también puede producir dolor; por ejemplo, el causado por una inflamación de la piel (dermatitis) secundaria a la radiación.

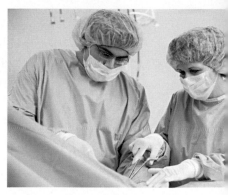

Algunos dolores se derivan de las intervenciones quirúrgicas.

Dolor secundario a procedimientos diagnósticos

Los medicamentos y la cirugía no son las únicas causas de dolor en las personas enfermas de cáncer. También pueden producirlo los procedimientos para diagnosticar la enfermedad, como la punción de médula ósea (un piquete en el hueso a fin de sacar una muestra de médula para análisis), que idealmente debe hacerse con anestesia.

Hay que buscar la causa del dolor para ofrecer un tratamiento específico

Dolor incidental

Se llama así al dolor causado por un factor ajeno al cáncer, como un traumatismo (caída o golpes) o un padecimiento preexistente (por ejemplo, en una persona que además de cáncer padece diabetes u otra enfermedad).

Otra causa de dolor incidental que debe considerarse en los casos de cáncer, sobre todo en los niños, son los "eventos adversos"; es decir, los daños causados involuntariamente por el tratamiento médico y no por la propia enfermedad, los cuales pueden prolongar la hospitalización o dejar en el paciente una

Amputación del brazo de un herido en la guerra ruso-turca de 1877.

secuela temporal o permanente; por ejemplo, un error de cálculo en la dosis de un fármaco, lo que incrementa sus efectos tóxicos y, con ello, produce más dolor.

Qué hacer ante un dolor por cáncer
Si una persona padece dolores a causa del cáncer, idealmente debe ser atendida en una clínica del dolor o por médicos algólogos (especialistas en dolor). Si no se cuenta con éstos, el oncólogo deberá prescribir analgésicos potentes para aliviar los dolores, y remitir al paciente a un psicoterapeuta.

El médico siempre deberá buscar la causa del dolor y estudiar éste (incluyendo su localización, tipo, intensidad, duración, frecuencia y factores que lo aumentan o disminuyen) para poder ofrecer un tratamiento específico.

Dolor derivado de la infección por VIH y el sida

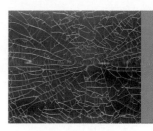

El síndrome de inmunodeficiencia adquirida (sida) es una enfermedad crónica producida por el virus de la inmunodeficiencia humana (VIH), que destruye las células de defensa del organismo, lo que abre la puerta a infecciones por virus, bacterias, hongos y otros gérmenes oportunistas; es decir, microbios que no atacan nuestro cuerpo salvo en situaciones de deficiencia inmunitaria. La falta de defensas también nos vuelve propensos a ciertas formas de cáncer.

El VIH es un problema mundial. Se calcula que hay en el mundo 38.6 millones de personas infectadas, de las cuales casi la mitad son mujeres de entre 15 y 24 años.

La vía de transmisión más frecuente es la sexual, pero la infección también puede contraerse por una transfusión de sangre o ser transmitida por una mujer infectada a su hijo recién nacido (transmisión perinatal).

Se han descrito otras formas de contagio, como compartir jeringas con personas infectadas, hacerse

Microscopio y glóbulos rojos ampliados.

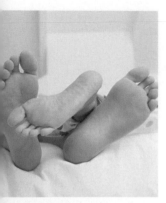

Con 80 por ciento de los casos, las relaciones sexuales son la principal vía de transmisión del sida.

tatuajes con agujas contaminadas e incluso, en el caso de un empleado de laboratorio, un piquete accidental.

La principal vía de transmisión es la sexual, con 80 por ciento de los casos en todo el mundo. Por este medio puede haber transmisión de mujer a hombre, de hombre a mujer, de hombre a hombre y, excepcionalmente, de mujer a mujer.

El riesgo es mayor en las relaciones hombre-hombre porque durante el coito anal se producen en la mucosa del recto múltiples laceraciones que facilitan la entrada del virus al torrente sanguíneo. La vagina, en cambio, tiene una estructura más resistente. Aun así, en una relación hombre-mujer ella corre de dos a cuatro veces más riesgo de infectarse que él. Hay una serie de cofactores que aumentan el riesgo de contraer la infección: las enfermedades de transmisión sexual, como el herpes genital; los anticonceptivos hormonales, los secantes vaginales o la presencia de flujo menstrual durante la relación sexual. El coito rectal en las relaciones hombre-mujer es tan peligroso como en las relaciones hombre-hombre.

Existen dos tipos de VIH: el VIH-1 y el VIH-2. El VIH-1 es el más conocido y el causante de la mayoría de los casos de sida en el mundo.

Otra vía de transmisión del VIH son las transfusiones de sangre.

Los virus necesitan una célula viva para llevar a cabo sus funciones. El VIH en particular tiene afinidad por un tipo de glóbulos blancos: los linfocitos T cooperadores, también llamados linfocitos CD4+. Sin embargo, se ha descubierto que otras células del cuerpo humano son susceptibles al virus, como otras células sanguíneas y las del sistema nervioso, la piel, el riñón y el ojo.

No es lo mismo ser seropositivo (portador del VIH) que padecer sida

El VIH no sobrevive en ambientes asépticos como el de un quirófano.

Cuando el virus entra en el organismo, de inmediato se pone a buscar linfocitos CD4+ a costa de los cuales pueda asegurar su supervivencia, ya que no es capaz de vivir libre durante mucho tiempo. Dentro de las células a las que infecta alcanza muchos años de vida, mientras que fuera de ellas su supervivencia es muy corta. De ahí que necesite líquidos corporales ricos en células vulnerables, como sangre, semen, secreciones vaginales y leche materna. En otros líquidos, como lágrimas, saliva, sudor y orina, su vida es muy corta porque está libre, fuera de las células. El virus se inactiva fácilmente cuando se encuentra en superficies inertes y cuando es sometido a ciertos medios físicos o químicos. Es muy poco resistente a la desecación, a temperaturas mayores de 56 °C. y a sustancias químicas como el alcohol al 70 por ciento y el blanqueador casero diluido en 10 partes de agua.

No es lo mismo ser seropositivo que padecer sida. Una persona puede pasar por varias etapas a partir del momento en que se infecta con el VIH. Las principales son la infección aguda o primoinfección, el periodo asintomático o de latencia, y la fase de sida.

Modelo del virus de la inmunodeficiencia humana creado por computadora.

En la etapa asintomática, que dura aproximadamente 10 años, el virus se mantiene en constante actividad, si bien por la ausencia de síntomas la mayoría de las personas no se dan cuenta de que están infectadas. A estas personas se les conoce como portadores asintomáticos o seropositivos. La única manera de saber que están infectados es por medio de una prueba de laboratorio en la que se detectan los anticuerpos producidos por el organismo contra el virus, prueba que no resulta positiva sino hasta que han transcurrido de dos a tres meses después del contagio. Una persona puede transmitir el virus aunque no tenga manifestaciones de la enfermedad.

En la etapa de sida existen ya síntomas, provocados por el propio virus y por microbios oportunistas, que pueden manifestarse con trastornos en piel, boca, ganglios linfáticos, tracto gastrointestinal y sistema nervioso. Para diagnosticar el sida a una persona hay pruebas de laboratorio que miden el déficit de su sistema inmunitario y las enfermedades asociadas con éste.

Los síntomas de esta etapa comprenden inflamación de los ganglios linfáticos, diarrea crónica, pérdida de peso, fiebre, tos y sensación de falta de aire. Conforme la enfermedad avanza se van presentando otros síntomas debidos a infecciones por microorganismos oportunistas. Es frecuente el algodoncillo, trastorno causado por el hongo *Candida albicans,* que se caracteriza por la aparición de manchas blancas en la lengua y en la mucosa bucal. Cuando los pulmones se ven afectados, puede sobrevenir una neumonía producida por otro microbio oportunista, el *Pneumocystis carinii.*

Otros síntomas incluyen dolores de cabeza frecuentes, pérdida de peso, visión borrosa, abundante

Muestras de sangre para análisis.

sudoración nocturna, escalofríos, fatiga inexplicable y un aumento de tamaño de los ganglios linfáticos que persiste más de tres meses.

El sida también propicia el desarrollo de ciertos cánceres, como el sarcoma de Kaposi, los linfomas y los carcinomas de cuello uterino. El tratamiento para el sida reduce el riesgo de contraer estos cánceres.

Diagnóstico de sida

Según las normas internacionales, debe considerarse enfermo de sida a cualquier individuo con menos de 200 linfocitos CD4+ o que presente cualquier síntoma clínico de las infecciones o neoplasias asociadas con este síndrome.

La fiebre y la sudoración nocturna son síntomas comunes de sida.

Los métodos más utilizados para detectar la seropositividad, o presencia del VIH en la sangre, se dividen en indirectos y directos. Los indirectos determinan la existencia de anticuerpos contra el VIH, mientras que los directos reconocen al propio virus.

Los métodos indirectos son los más utilizados. Entre ellos se cuenta la prueba ELISA, que consiste en tomar una muestra de sangre para determinar la presencia de anticuerpos contra el virus. Esta prueba debe repetirse al cabo de tres meses de efectuada la primera.

Un resultado se considera positivo si se encuentran anticuerpos contra el VIH. Existen circunstancias en que puede haber falsos positivos o falsos negativos; por ejemplo, en personas que han recibido transfusiones en múltiples ocasiones, en enfermos de insuficiencia renal o de ciertas afecciones reumáticas, en portadores de hepatitis B y C, y en las agammaglobulinemias.

Dos resultados negativos de ELISA indican que la persona no está infectada con el VIH, que es seronegativa.

Las pruebas para la detección del sida son indispensables en los grupos de riesgo.

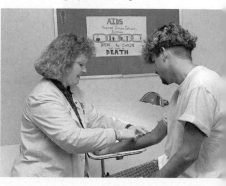

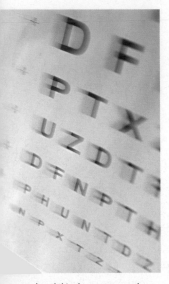

La visión borrosa puede contarse entre los numerosos síntomas del sida.

Un resultado positivo o indeterminado en cualquiera de las dos pruebas ELISA obliga a realizar el análisis de Western Blot (prueba que detecta la presencia de proteínas del VIH) para confirmar o descartar el diagnóstico de infección por VIH. Un resultado positivo de Western Blot confirma el diagnóstico de infección por VIH, independientemente del resultado de la prueba ELISA. Los resultados positivos falsos en el análisis de Western Blot son muy infrecuentes, y exigen la realización de otra prueba: la reacción en cadena de la polimerasa, mejor conocida como PCR por sus siglas en inglés.

Actualmente existen métodos de detección rápida con muestras de saliva y sangre, pero aún no se dispone de ellos en todos los países.

Como en el cáncer, en el sida se observan dolor neuropático, visceral y somático

Tratamiento del sida

El tratamiento es a base de medicamentos llamados antirretrovirales, de los que hoy en día por fortuna hay una gran variedad.

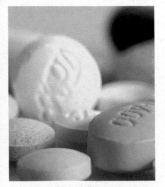

La variedad de antirretrovirales es grande.

Dolor por infección con VIH o sida

Los dolores relacionados con el sida pueden deberse a infecciones secundarias con microbios oportunistas o a los tumores malignos que el síndrome propicia. Al igual que en el cáncer, en el sida se observan dolor neuropático, visceral y somático (de músculos, huesos y piel), así como dolor producido por procedimientos diagnósticos, tratamiento con antirretrovirales o por causas incidentales.

Las infecciones por microorganismos oportunistas (éstos pueden ser hongos, virus, protozoarios o bacterias) con frecuencia producen dolor en las mucosas oral y perianal (alrededor del ano).

Entre los virus de efectos más dolorosos están el citomegalovirus (CMV), que puede causar inflamación de los nervios y de las raíces nerviosas, y el virus de la varicela-zóster, que produce neuropatías crónicas.

El enfermo de sida suele presentar inflamación de la mucosa bucal.

Los hongos que con mayor frecuencia atacan al enfermo de sida incluyen el *Candida albicans,* que ocasiona mucositis (inflamación de las membranas mucosas), los del género *Cryptosporidium* y el *Pneumocystis carinii.*

Las micobacterias *Mycobacterium intracellulare* y *M. genavense* pueden producir dolor abdominal. Se debe sospechar una infección por la especie *intracellulare* si el enfermo no puede aumentar de peso ni de talla y padece fiebres recurrentes, sudoraciones nocturnas y dolor abdominal, que se presenta en 27 por ciento de los casos de infección por esta micobacteria.

El dolor abdominal también puede ser secundario a una pancreatitis (inflamación del páncreas) causada por el CMV o por hongos del género *Cryptosporidium,* o bien, a una neumonía por *Pneumocystis carinii* o *Mycobacterium avium.* La terapia medicamentosa es otra causa posible de pancreatitis en el enfermo de sida. Los síntomas son vómito y dolor abdominal. Para diagnosticar esta pancreatitis deben realizarse estudios de laboratorio.

Otra causa de dolor abdominal en el enfermo de sida son los tumores cancerosos, como ocurre con el leiomiosarcoma, que se caracteriza, además, por evacuaciones con sangre.

Si los ganglios intestinales se inflaman y producen un dolor fuerte y repentino que puede confundirse con apendicitis, el microbio causante es el *Penicillium marneffei.*

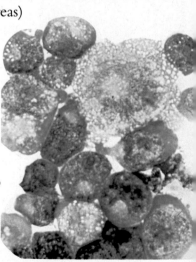

Linfocitos T infectados por el virus de la inmunodeficiencia humana (VIH).

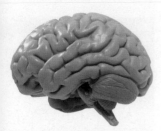

La meningoencefalitis es una complicación del sida que afecta a las meninges y el cerebro (en la foto, un modelo).

El dolor de cabeza en el enfermo de sida puede obedecer a múltiples causas, como cáncer, sinusitis (inflamación de los senos paranasales), otitis (inflamación del oído), tumores, parasitosis, infecciones meningoencefálicas (de las meninges y el encéfalo, o cerebro) y alteraciones metabólicas como la uremia (exceso de la concentración de urea en la sangre por insuficiencia renal).

El dolor en el enfermo de sida casi siempre es consecuencia de infecciones por microorganismos oportunistas

El dolor torácico puede ser secundario a esofagitis (inflamación del esófago) por *Candida albicans* o CMV. Las neumonías por gérmenes oportunistas también pueden manifestarse con dolor.

La polirradiculopatía por CMV se manifiesta con dolor de extremidades, debilidad y paraplejia (parálisis de la mitad inferior del cuerpo).

En la mayoría de los casos, el dolor en el enfermo de sida es secundario a la infección por gérmenes oportunistas. Toda infección debe ser tratada de manera específica.

El tratamiento del dolor es a base de analgésicos. Hay una gran variedad de ellos, como los opioides, los analgésicos antiinflamatorios no esteroideos y los coadyuvantes.

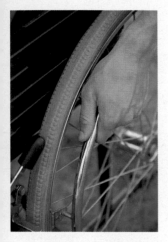

La polirradiculopatía por citomegalovirus puede causar parálisis de la mitad inferior del cuerpo.

Dolor neuropático

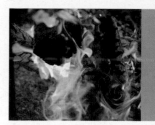

El dolor neuropático es el que se inicia o es causado por una lesión primaria o disfunción en el sistema nervioso. Se caracteriza por sensaciones como de calambre, quemadura, hormigueo, descarga eléctrica o picadura de alfileres. Muchas veces se describe como un dolor raro que hace despertar a media noche a quien lo padece.

Los casos de dolor neuropático pueden acompañarse de alodinia, trastorno en el que un estímulo normalmente no doloroso, por ejemplo el roce de la ropa, produce un dolor muy intenso; o bien, de hiperalgesia, en la que cualquier estímulo doloroso se percibe como muy fuerte.

En el dolor neuropático puede haber cambios de coloración (palidez, tono violáceo, enrojecimiento o aspecto moteado), sudoración, cambios de temperatura (frialdad sobre todo), debilidad y adelgazamiento de la parte o extremidad afectada.

Hay diversas causas de dolor neuropático, como las neuropatías (enfermedades de los nervios sensitivos) secundarias a la diabetes, la intoxicación por plomo, las deficiencias de algunas vitaminas (como B_{12}, D o C), la infección por el virus de la varicela-zóster y otras.

El síndrome de dolor regional complejo puede ser consecuencia de un golpe aparentemente leve.

Síndrome de dolor regional complejo

Es una enfermedad dolorosa, principalmente de las extremidades, que puede afectar a niños y adultos, pero que predomina en niñas de entre 10 y 15 años. Es raro que se presente antes de los seis años de edad. En las mujeres tiene una incidencia seis veces mayor que en los varones. Los casos de localización en las piernas son de seis a ocho veces más numerosos que en los brazos.

Por regla general el dolor es consecutivo a un traumatismo (golpe) aparentemente leve, y no guarda proporción con el grado de daño del nervio que da sensibilidad a la zona afectada. Puede sobrevenir después de una fractura, lesión de tejido blando o inmovilización de la extremidad. El dolor casi siempre comienza al cabo de un mes del suceso que parece haberlo provocado.

El dolor suele describirse como quemante y continuo, y aumenta con los movimientos, los estímulos constantes o el estrés. Su intensidad fluctúa de acuerdo con el tiempo; se acompaña de alodinia e hiperalgesia, así como de trastornos circulatorios que alteran la temperatura y la coloración de la piel. Casi siempre se presenta edema (hinchazón), y puede haber aumento o disminución de la sudoración. La medición de la temperatura cutánea muestra una diferencia mayor de 1 °C entre uno y otro lado del cuerpo.

Terapia física.

El tratamiento del dolor neuropático es a base de neuromoduladores, terapia física y, en algunos casos, medidas invasivas como bloqueos nerviosos.

La estimulación eléctrica es una terapia para el dolor neuropático

El dolor neuropático puede semejar picaduras de espinas o agujas.

Tratamiento no farmacológico

Los neuroestimuladores eléctricos transcutáneos (TENS por sus siglas en inglés) pueden utilizarse solos o combinados con un tratamiento farmacológico. Son aparatos que funcionan con pilas, provistos de electrodos que se colocan en diferentes puntos del cuerpo donde se siente dolor, y que producen descargas eléctricas leves que compiten con los impulsos álgicos (las señales dolorosas que viajan por los nervios).

Hay muchas opciones para programar la amplitud de frecuencia del estimulo eléctrico. En la mayoría de los casos los TENS tienen varios canales de frecuencias que se ajustan según las necesidades del paciente.

Tratamiento psicológico

La psicoterapia, de tipo cognitivo-conductual, se fundamenta en el concepto de la ciberfisiología, disciplina en la que se recurre a las capacidades mentales de autorregulación corporal, entre ellas las relacionadas con funciones voluntarias y otras que antes se consideraban involuntarias, como la presión arterial o el ritmo cardiaco.

Esta psicoterapia comprende técnicas de relajación, imaginación, distracción, autohipnosis y biorretroalimentación, y echa mano de aparatos para la medición de la temperatura cutánea, la electromiografía de superficie y la respuesta galvánica de la piel.

Las técnicas de relajación son parte de la psicoterapia del dolor.

El galvanómetro mide las corrientes eléctricas de baja intensidad, como las de la piel.

Jeringa espinal para administrar un bloqueo nervioso.

Los aparatos de bioautorregulación traducen cambios de sistemas del organismo que pueden ser captados por electrodos y los transforman en señales visuales y auditivas.

Tratamiento invasivo

Aunque la tendencia actual es evitar las maniobras invasivas en niños y adolescentes, éstas pueden llegar a necesitarse si el tratamiento farmacológico no ha dado el resultado que se esperaba. Esto ocurre sobre todo en procesos neoplásicos (formación de tumores) en que el tumor invade nervios periféricos, plexos o la médula espinal, los cuales no responden favorablemente a la quimioterapia ni a la radioterapia paliativas. La decisión de recurrir al tratamiento intervencionista se toma cuando los padres de un paciente joven quieren mantenerlo en estado de alerta hasta los últimos momentos de una enfermedad terminal.

Las técnicas invasivas incluyen el uso de catéteres epidurales e intratecales para administrar medicamentos y bloqueos nerviosos.

Los bloqueos simpáticos se han utilizado con buenos resultados en niños que padecen el síndrome de dolor regional complejo de tipos 1 y 2.

El dolor por la muerte de un familiar

Se dice que no hay dolor más grande que el causado por la muerte de un ser querido, cuya pérdida nos deja con la sensación de un vacío inmenso. Todo ser viviente muere en algún momento. Los seres humanos estamos expuestos a morir desde que nos encontramos en el seno materno.

Lo habitual es que mueran primero las personas ancianas y no los jóvenes, pero a veces puede morir un niño, un adolescente o un bebé.

Cuando muere un ser querido nos sentimos muy mal y pasamos por varias etapas de duelo:

Fase de negación y aislamiento. La mayoría de las personas que se enfrentan con la muerte de un ser querido reaccionan diciendo "¡No, no puede ser verdad!" Éste es un mecanismo de defensa de nuestra mente para no sentirnos lastimados. Después de esta negación viene una aceptación parcial de lo que estamos viviendo, aunque nos duele mucho.

Fase de ira. Tras la negación viene el enojo, la rabia ante lo que nos ha sucedido; nos enojamos con médicos, enfermeras, familiares, buscando un culpa-

Lecho de muerte, del pintor francés Jean-Pierre Antigna.

ble de la pérdida de nuestro ser querido. Hay personas que se enojan hasta con Dios. En esta fase también pueden experimentarse sentimientos de envidia hacia otras personas que no han sufrido una pérdida reciente: el vecino, el amigo, etcétera. Nos invade un amargo resentimiento contra el mundo que nos rodea. Con frecuencia surgen preguntas como "¿Por qué me pasa esto a mí, que me he portado tan bien, y no a mi vecino, que se droga y se porta mal? No es justo".

Es un mito afirmar que los hombres no lloran y que llorar no es sano. El llanto es la expresión de un ser humano que vive, se conmueve y siente. Llorar ayuda a equilibrar nuestra salud.

Fase de sentimientos de culpa. Llega entonces un momento en que nos sentimos culpables de cualquier cosa relacionada con la persona fallecida: de no habernos dado cuenta de que estaba enferma, de no haberla visitado más, de no haberle dado tal o cual medicina… Buscamos mil y una razones para sentirnos culpables, aunque en realidad no tenemos la culpa de nada.

Fase de pacto. Ante tanto sufrimiento, enojo con los demás y con Dios, buscamos llegar a un acuerdo para poder superar lo catastrófico de nuestros sentimientos.

La muerte de un ser querido nos hace pasar por diversas etapas de duelo.

Fase de depresión. Sobreviene entonces una profunda tristeza con sensación de pérdida; nos per catamos por fin de que nuestro familiar en verdad ya no está físicamente con nosotros, de que no volveremos a verlo jamás, y esto nos hace sentir muy tristes.

Es necesario que expresemos nuestros sentimientos hablando con alguien y llorando. Esto nos da un poco de consuelo. Las lágrimas cumplen la función de desahogar nuestra tristeza y ayudar a relajarnos.

Aceptar la pérdida es la última fase del enfrentamiento con la muerte.

Fase de aceptación. Finalmente, tras haber pasado por la negación, la desesperación, el enojo, la envidia y la depresión, aceptamos la pérdida. Por fin nos resignamos a que nuestro ser querido haya pasado a formar parte de otro plano (pues si pensamos en términos de la física, la energía no se crea ni se destruye, sólo se transforma).

La esperanza y el sentido del sufrimiento

La esperanza es lo que nos hace salir adelante: la vida continúa, y todo, por absurdo que parezca, tiene sentido. La propia muerte de la persona a la que amábamos hace posible que no sufra más. Su recuerdo perdura en nosotros, y por ese recuerdo podemos actuar en beneficio del prójimo. Por ejemplo, una organización de apoyo a niños enfermos de cáncer fue fundada por una madre que perdió un hijo a causa de esta enfermedad, y en ello encontró el sentido de su vida.

Lo más importante es que seguimos vivos en este mundo. Tenemos mucho que dar como seres humanos y, si no hubiéramos tenido estas experiencias dolorosas, quizá no podríamos contribuir a la construcción de un mundo mejor.

El dolor por un rompimiento

El fin de una relación amorosa suele ser una experiencia traumática.

Cuando rompemos con alguien a quien amamos o creemos amar, nos embarga un gran dolor emocional. Sentimos que el mundo se ha desmoronado, que la vida ya no tiene sentido para nosotros, y pasamos por varias etapas de duelo, al igual que una persona a quien se le ha muerto un ser querido.

El psicoanalista Igor Caruso describe los mecanismos de defensa de nuestra mente ante una separación, que es como una herida infligida a nuestro amor propio.

Tras un momento de desesperación en el que nos sentimos azotados por un cataclismo emocional, nuestra mente pone en marcha mecanismos de defensa que son como los anticuerpos con que el organismo se protege contra los microbios infecciosos. La mente recurre a las siguientes estrategias, no necesariamente en este orden:

Agresividad. Es curioso cómo después de romper sentimos aversión e incluso odio hacia la persona que poco antes amábamos. El amor se transforma en odio para poder "enterrar" en nuestra mente al ser que estaba tan vivo en nuestros pensamientos. Este mecanismo de defensa más adelante puede tener consecuencias que podríamos lamentar. Por eso lo más aconsejable es tomar conciencia plena de lo que nos está pasando.

Indiferencia. Este mecanismo permite a nuestra conciencia rechazar al ser querido para no sufrir: "No me importa que rompas conmigo ni que me abandones".

Huida hacia delante. Consiste en buscar una actividad que nos distraiga, para evadir la situación. Otras formas de evasión son la búsqueda de placer, de cosas que nos infundan bienestar, o hacer caso del refrán "Un clavo saca otro clavo" entablando nuevas relaciones.

Ideologización. Racionalizamos la ruptura concluyendo que, lejos de hacernos daño, nos conviene. Nos centramos en las ventajas que implica.

Si no pasamos por estos procesos de duelo, no maduraremos y no podremos apreciar después las cosas buenas que nos depara la vida. Debemos tomar conciencia de lo valiosos que somos, aquilatar nuestras cualidades y no insistir en buscarnos defectos.

Mírate al espejo como un ser legítimo, auténtico, único y hermoso. Ve tus aspectos bellos y no tus defectos. Imagina que alguien entra a un lugar lleno de obras de arte, las mira y no se detiene, o las rechaza: el hecho de que esa persona no las aprecie no significa que no sean obras de arte. Tú eres una obra de

La búsqueda de actividades placenteras es parte del duelo por un rompimiento.

arte de la vida, a la que debes cuidar y cultivar. Nadie vale ni más ni menos que tú.

Debemos continuar en el maravilloso camino de la vida, donde día tras día vamos creando un mundo nuevo. El universo sigue en expansión y tú eres parte de él.

Tras una separación valemos más como seres humanos

Si después de la Segunda Guerra Mundial el mundo se hubiera quedado inmóvil, no tendríamos muchos avances tecnológicos ni sociales. Después de la guerra viene la paz; después del caos, la creación.

Después de una separación somos más valiosos como seres humanos; hemos avanzado hacia la superación que nos permitirá llegar con mayor facilidad a nuestras metas.

Tratamiento del dolor

Actualmente disponemos de muchos recursos para aliviar el dolor, como los analgésicos, nombre formado con las raíces griegas *a-, an-:* carencia, negación, y *algos:* dolor. Pero no sólo con medicamentos se mitiga el dolor. Hay otros remedios, como la neuroestimulación eléctrica, los bloqueos nerviosos, la terapia física y el tratamiento psicológico.

Los analgésicos se clasifican en tres grupos:

Analgésicos antiinflamatorios y paracetamol
Los analgésicos antiinflamatorios son medicamentos que, además de quitar el dolor, combaten la inflamación y, en la mayoría de los casos, bajan la fiebre. En medicina se conocen como analgésicos AINE (siglas de antiinflamatorios no esteroideos). Se utilizan cuando hay dolor de leve a moderado; por ejemplo, dolor de cabeza por sinusitis, dolor de muelas o cólico menstrual. Ejemplos de AINE son la aspirina y el ibuprofeno.

El paracetamol se considera un analgésico antitérmico puro, sin acción antiinflamatoria.

Los analgésicos sirven para reducir el dolor y, en muchos casos, la fiebre.

Los analgésicos coadyuvantes se usan en casos de dolor neuropático.

Analgésicos opioides

Conocidos en el pasado como narcóticos, los analgésicos opioides, u opiáceos, se utilizan en caso de dolor intenso, ya sea a causa del cáncer, del sida o de una intervención quirúrgica.

El opioide más característico es la morfina, pero hay muchos otros, desde los de origen natural, como la codeína, hasta los sintéticos, como el tramadol y el fentanilo.

Analgésicos coadyuvantes

Son medicamentos que, sin ser propiamente analgésicos, alivian ciertos dolores que no responden bien al tratamiento con AINE ni con opioides.

A esta categoría pertenecen los neuromoduladores, entre ellos algunos anticonvulsivantes y antidepresivos, que contribuyen a paliar el dolor neuropático. Ejemplos de ellos son la gabapentina, la pregabalina y la oxcarbacepina (anticonvulsivantes), así como la amitriptilina y la imipramina (antidepresivos).

Otros analgésicos coadyuvantes son las benzodiacepinas, medicamentos que, al calmar la ansiedad, aliviar la tensión y relajar los músculos, ayudan a reducir el dolor de las contracturas musculares. También se utilizan en procedimientos diagnósticos

Frutos verdes de la adormidera, de cuyo jugo se extrae el opio y sus derivados naturales.

como la punción de la médula ósea. Entre ellos se encuentran el diacepam y el midazolam.

Los esteroides, también llamados corticosteroides, son hormonas de acción antiinflamatoria muy potente, que se utilizan cuando se presenta un aumento de la presión intracraneana o una compresión de los nervios que arrancan de la médula espinal. Ejemplos de ellos son la dexametasona, la prednisona y la prednisolona.

Tratamientos del dolor

Para fines prácticos, los tratamientos se dividen en dos grandes grupos:

1. Tratamientos no invasivos, también llamados no intervencionistas.
2. Tratamientos invasivos o intervencionistas.

Tratamientos no invasivos

1. Farmacológico o medicamentoso.
2. Neuroestimulación transcutánea.
3. Terapia física.
4. Psicológico.

El uso de analgésicos es un tratamiento no invasivo contra el dolor.

Los neuroestimuladores eléctricos transcutáneos (TENS), mencionados en el capítulo de dolor neuropático, son pequeños aparatos provistos de electrodos que se aplican sobre la piel y transmiten una señal eléctrica que viaja por los nervios y compite con la señal del dolor.

El tratamiento psicológico consiste en la aplicación de técnicas cognitivo-conductuales, como la autohipnosis, la imaginación, el reforzamiento positivo, la desensibilización y la bioautorregulación.

Tratamientos intervencionistas

Consisten principalmente en la aplicación de bloqueos nerviosos, técnicas de anestesia regional en las

El bloqueo nervioso es una técnica de anestesia regional o local por inyección.

que se inyecta alrededor de un nervio un anestésico local, un antiinflamatorio o una sustancia para destruir el nervio.

Son ejemplos de bloqueos nerviosos el bloqueo del plexo braquial y el bloqueo del plexo celiaco.

Otros tratamientos intervencionistas:

Terapia electrotérmica intradiscal (IDET por sus siglas en inglés): los discos intervertebrales, una especie de almohadillas situadas entre las vértebras para amortiguar los impactos, a veces se hernian o sufren alguna otra lesión y ocasionan dolor. La IDET consiste en la aplicación de calor para modificar las fibras nerviosas de la médula espinal y destruir los receptores de dolor de la zona afectada.

Las terapias intradiscales y los bloqueos nerviosos son tratamientos intervencionistas

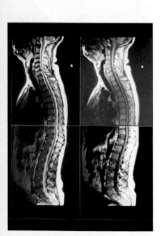

Tomografías de la columna vertebral, en las que se aprecian los discos intervertebrales.

Nucleoplastia discal por radiofrecuencia: tratamiento relativamente nuevo que en vez de calor utiliza ondas de radio para desintegrar pequeñas porciones del tejido central del disco cuando éste comprime las raíces nerviosas que producen dolor.

Tanto la IDET como la nucleoplastia, que suponen la introducción de una aguja o catéter en el disco intervertebral, son procedimientos delicados que siempre deben dejarse en manos de un profesional experimentado.

Para aliviar el dolor producido por el cáncer, la Organización Mundial de la Salud (OMS) recomienda seguir la norma de la escalera analgésica. El primer escalón consiste en el uso de un analgésico no opioide para dolor leve, con o sin coadyuvante; por ejemplo, paracetamol solo. Si el dolor persiste o aumenta, se recurre al segundo escalón: un opioide para dolor de leve a moderado (por ejemplo, tramadol) y, si es necesario, un analgésico no opioide, un coadyuvante o ambos. En caso de que el dolor persista o aumente, se recurre al tercer escalón: un opioide para dolor de moderado a agudo (morfina, por ejemplo), más un analgésico no opioide, un coadyuvante o ambos.

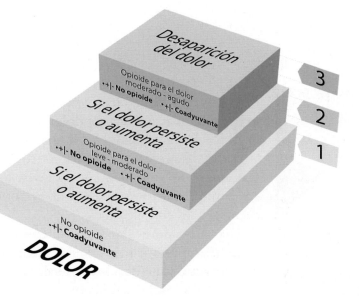

Escalera analgésica de la OMS.

Los analgésicos: cómo, cuándo y por qué

L os analgésicos son medicinas para calmar o aliviar el dolor. Para fines prácticos se dividen en analgésicos opioides (antes llamados narcóticos), analgésicos no opioides, que incluyen los analgésicos antiinflamatorios no esteroideos (AINE), el paracetamol y los coanalgésicos.

Dependiendo del tipo y la intensidad del dolor, ha de usarse uno o más de ellos, siempre por prescripción médica. No todos los analgésicos se utilizan para todos los dolores: cada uno tiene su indicación específica.

Los AINE y el paracetamol son los analgésicos de mayor consumo en todo el mundo, ya sea por prescripción médica o por automedicación. Ejemplos de ellos son la aspirina y el ibuprofeno. Varias civilizaciones de la Antigüedad conocían el efecto analgésico de una planta: utilizaban la corteza del sauce para calmar el dolor, y es de esta corteza de la que se obtienen los salicilatos, el más conocido de los cuales es la aspirina (ácido acetilsalicílico).

Existe una gran variedad de AINE, como aspirina, ibuprofeno, metamizol, diclofenaco, ketorolaco, aceclofenaco, nimesulida, tolmetina, piroxicam, celeco-

Ya en la Antigüedad la corteza del sauce se usaba como analgésico.

xib y etoricoxib (estos dos últimos pertenecen al grupo de los inhibidores selectivos de la ciclooxigenasa 2).

Historia

En el siglo XVIII el reverendo Edmund Stone, pastor anglicano de la población inglesa de Chipping Norton, describe los buenos resultados obtenidos al utilizar la corteza del sauce para curar las fiebres. En 1829 el farmacéutico francés Henri Leroux aísla el principio activo de la corteza de sauce: la salicina. El ácido acetilsalicílico (hoy aspirina) es sintetizado por primera vez en 1853 por el químico francés Charles-Fréderic Gerhardt. En 1875 se emplea salicilato de sodio en el tratamiento de la fiebre reumática y como antitérmico en general. En 1893 el médico alemán Josef Freiherr von Mering utiliza el analgésico acetaminofén (hoy paracetamol).

En 1897 Felix Hoffman, joven químico alemán de la casa farmacéutica Bayer, reanuda los experimentos de Gerhardt y sintetiza un ácido acetilsalicílico más puro, cuyas virtudes terapéuticas como analgésico y antiinflamatorio describe dos años después su compatriota farmacólogo Heinrich Dreser. Es este último quien inaugura el empleo de dicho ácido en medicina bajo el nombre de aspirina. En

La corteza es la parte del sauce más rica en salicina.

Laboratorio farmacéutico.

1982 el farmacéutico británico John R. Vane recibe el Premio Nobel de Fisiología o Medicina por haber explicado, entre otras cosas, el mecanismo de acción de la aspirina.

Los AINE

AINE son las siglas de analgésicos antiinflamatorios no esteroideos, fármacos que tienen acción analgésica, antiinflamatoria y antitérmica. Actúan inhibiendo la producción de sustancias que aumentan el dolor y la inflamación, como las prostaglandinas, que los tejidos del organismo liberan en respuesta a una lesión, alteración o disfunción. Para que las prostaglandinas puedan formarse hacen falta unas enzimas llamadas ciclooxigenasas 1 y 2 (COX-1 y COX-2). Los AINE impiden que las ciclooxigenasas actúen para formar prostaglandinas.

Para comprender mejor el mecanismo de acción de los AINE hay que conocer el ácido araquidónico, del cual son productos las prostaglandinas, los tromboxanos y los leucotrienos, sustancias que desempeñan funciones primordiales en los procesos inflamatorios y dolorosos.

El ácido araquidónico se almacena de manera normal en las membranas, y se libera cuando éstas

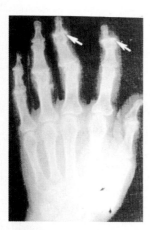

Radiografía de una mano artrítica, donde la inflamación de los nudillos es patente.

sufren una alteración. En su metabolismo hay dos vías principales: la vía de las ciclooxigenasas, que origina las prostaglandinas y los tromboxanos, y la vía de la lipooxigenasa, de la cual se derivan los leucotrienos.

Hay varias prostaglandinas, por ejemplo la PGE2 y la PGI2 (prostaciclina), que producen mucho dolor, además del enrojecimiento y la hinchazón característicos de la inflamación.

La PGE2 favorece la fiebre y el dolor, dilata los vasos sanguíneos y los bronquios, y protege la mucosa del estómago.

La PGI2 (prostaciclina) causa mucho dolor e impide que las plaquetas (células sanguíneas encargadas de la coagulación) se agreguen para formar un coágulo, entre otras funciones.

Ácido salicílico, precursor químico de la aspirina.

Las prostaglandinas cumplen un papel esencial en los procesos dolorosos e inflamatorios

El tromboxano A2 (TXA) es el principal producto de las ciclooxigenasas en las plaquetas: estimula su activación y agregación, produce vasoconstricción (estrechamiento de los vasos sanguíneos) y broncoconstricción (estrechamiento de los bronquios).

El mecanismo de acción de los AINE consiste en inhibir la síntesis de ciclooxigenasas, con lo que bloquean la formación tanto de prostaglandinas como de tromboxano.

Efectos terapéuticos de los AINE

El principal efecto de los AINE es la analgesia, o supresión del dolor. Se utilizan en una gran variedad de enfermedades y padecimientos caracterizados por el dolor y la inflamación. Están indicados para el

Los AINE están indicados para aliviar el dolor de leve a moderado, y a veces incluso el agudo.

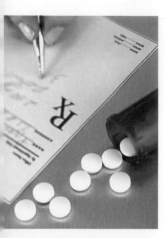

Es esencial seguir la prescripción médica al pie de la letra.

alivio de dolores de leves a moderados, y a veces incluso agudos. Además, su acción antiinflamatoria los hace de gran utilidad para los procesos en que el principal trastorno es la inflamación, como la artritis y los dolores por traumatismos (golpes).

Los AINE también actúan como antitérmicos (bajan la fiebre) y se utilizan ampliamente con este fin. Como antiagregantes plaquetarios están indicados para evitar las complicaciones trombóticas, es decir, la formación de trombos o coágulos en el aparato cardiovascular.

Efectos adversos de los AINE

Todos los medicamentos tienen lo que llamamos efectos adversos; esto es, reacciones indeseables, que se presentan sobre todo cuando las dosis de administración no son adecuadas, de ahí la importancia de seguir al pie de la letra las instrucciones del médico sobre la toma de fármacos.

Uno de los efectos adversos de los AINE en exceso pueden ser las úlceras pépticas

Los principales efectos adversos de los AINE se presentan en el tracto digestivo, y consisten sobre todo en el bloqueo de la producción, así como en la irritación y la erosión, de la mucosa del estómago, la barrera que protege el interior de este órgano contra la acción corrosiva del ácido del jugo digestivo. Si se toman durante un tiempo prolongado, pueden producir úlceras.

La visión borrosa es un infrecuente efecto secundario de los AINE.

En el hígado los AINE interfieren con el metabolismo de la glucosa, por lo que no deben tomarlos quienes padecen hepatitis o insuficiencia hepática (mal funcionamiento del hígado).

En pocas ocasiones el sistema nervioso resulta afectado por los AINE. Los efectos secundarios más frecuentes son mareos y zumbido de oídos, y más raramente disminución de la capacidad auditiva, visión borrosa e irritabilidad, sobre todo en personas de la tercera edad.

La automedicación es desaconsejable aun en el caso de los AINE

La aspirina está contraindicada en niños y adolescentes que padecen gripe o varicela.

En los riñones producen disminución del riego sanguíneo, así como retención de líquido y sodio, por lo que las personas que tienen padecimientos renales deben tomarlos sólo bajo supervisión médica. En la sangre impiden la agregación de las plaquetas, lo que predispone al sangrado. En raras ocasiones reducen el número de granulocitos, un tipo de glóbulos blancos. En personas susceptibles pueden causar reacciones alérgicas en la piel.

Precauciones en el uso de los AINE

Los niños y adolescentes que padecen varicela o gripe no deben tomar ácido acetilsalicílico (aspirina) por ningún motivo, ya que su empleo en estas circunstancias aumenta el riesgo de contraer el síndro-

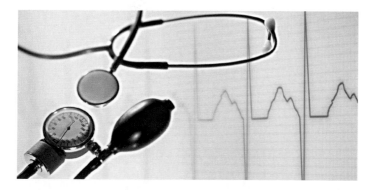

me de Reye, una insuficiencia del hígado y el cerebro que puede resultar mortal.

Tampoco deben consumirse AINE si se padece alguna enfermedad de la sangre, como la leucemia o la hemofilia, que suponga una concentración insuficiente de plaquetas o factores de coagulación; úlcera de estómago o duodeno, o insuficiencia del hígado o el riñón.

En todos los casos es aconsejable consumir AINE sólo por prescripción médica, verificar su fecha de caducidad, leer las etiquetas y advertencias del envase, tomarlos junto con los alimentos y abstenerse de bebidas alcohólicas durante el tratamiento.

Opioides

Hasta no hace mucho a los analgésicos opioides, u opiáceos, se les llamaba narcóticos por su eficacia para inducir narcosis: un estado de somnolencia con disminución de la sensibilidad y la conciencia. Se emplean en casos de dolores muy intensos, como los que sufren algunos enfermos de cáncer o de sida, así como, durante periodos más cortos, quienes se han sometido a operaciones de cirugía mayor y las víctimas de quemaduras extensas.

El opio y sus derivados, los opioides, provienen de la savia lechosa de la *Papaver somniferum,* o adormidera, una planta del mismo género que la amapola *(P. rhoeas).* El opiode más característico es la morfina, utilizada ya por los antiguos egipcios, como consta en el Papiro de Ebers, un texto médico que data del siglo xvi a.C.

El cuerpo humano sintetiza normalmente sustancias emparentadas con el opio, a las que se designa como opioides endógenos: son las endorfinas, encefalinas, dinorfinas y endomorfinas, que producimos mientras desarrollamos alguna actividad placentera, o a manera de reacción defensiva ante el dolor, como parte de un mecanismo llamado circuito de opioides endógenos y modulación del dolor.

La obnubilación (visión de los objetos como a través de una nube) es un efecto de las dosis fuertes de opioides.

Los opioides exógenos (que proceden de fuera del organismo) empleados en el tratamiento del dolor se dividen en naturales, semisintéticos y sintéticos. Los naturales, derivados del opio, son la morfina, la codeína, la tebaína y la papaverina; los semisintéticos incluyen la oxicodona, la hidromorfona, la hidrocodona, la buprenorfina y la heroína, y entre los sintéticos están el tramadol, el fentanilo, el sufentanilo, el alfentanilo, el levorfanol, el butorfanol, la petidina, la metadona, el propoxifeno, la pentazocina y la meperidina.

Frutos de adormidera secos.

¿Cómo actúan los opioides?

Los opioides, tanto endógenos como exógenos, actúan sobre receptores específicos situados en las membranas celulares de algunas partes del cuerpo, principalmente el sistema nervioso central (cerebro y médula espinal) y el tracto digestivo, aunque también se han hallado en los pulmones y otros órganos.

Los opioides provienen de la savia de la adormidera.

Los receptores reciben nombres de letras griegas: mu, delta, épsilon kappa y sigma.

Los receptores delta, al ser estimulados por las encefalinas, los opioides endógenos que tienen afinidad por ellos, producen analgesia y euforia.

Se cree que los receptores épsilon son específicos para la betaendorfina.

Los receptores kappa causan analgesia y depresión respiratoria, disforia (cambios bruscos de estado de ánimo) y alucinaciones. La dinorfina A tiene afinidad por ellos.

Si los opioides se prescriben y se usan bien, no hay riesgo de dependencia

Los receptores mu producen analgesia, pero también depresión respiratoria, náuseas, vómito, disminución de la motilidad intestinal, tolerancia y dependencia. La betaendorfina beta tiene afinidad por ellos.

Los receptores sigma, aunque no se consideran totalmente específicos para los opioides, al ser estimulados producen alucinaciones y agitación. Se cree que la droga llamada polvo de ángel (fenciclidina) tiene afinidad por ellos.

Mitos sobre el uso de analgésicos opioides

Todavía en nuestros días subsisten muchos mitos con respecto al uso de la morfina y otros analgésicos derivados del opio; por ejemplo, que quien los usa se vuelve adicto fácilmente. Lo cierto es que, si se prescriben de manera adecuada, son muy eficaces para aliviar el dolor, y luego se pueden ir retirando paulatinamente a fin de prevenir la dependencia. Este

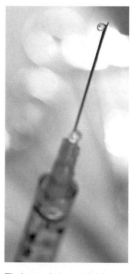

El abuso de los opioides ha limitado su empleo terapéutico.

mito impide que las personas aquejadas de dolores intensos reciban el tratamiento indicado.

Otro mito es la idea de que, si los los médicos recurren a los opiáceos, es señal de que se han rendido en la lucha contra el cáncer. Nada más falso que lo anterior: un oncólogo que se preocupa por atender el dolor de sus pacientes es un médico humano. Además, el solo hecho de mitigar el dolor mejora considerablemente las condiciones generales del enfermo, lo que permite una recuperación mas rápida o, en el caso de los enfermos terminales, mayor control del sufrimiento y una muerte tranquila.

Un mito más es que recibir tratamiento con morfina es como una muerte en vida. La realidad es que, lejos de esto, el alivio del dolor mejora enormemente la calidad de vida del enfermo.

Cabe recordar aquí que omitir el tratamiento del dolor equivale a torturar.

La administración de opioides debe ser cuidadosa y estar supervisada por un médico.

Los analgésicos opioides están indicados sólo en el caso de dolores muy intensos

Efectos de los opioides

La principal acción de los opioides es la analgesia, es decir, el alivio del dolor, pero también tienen efectos secundarios, como euforia, somnolencia, disforia, náuseas, vómito, disminución de la motilidad del aparato digestivo (lo que produce estreñimiento), contracción de las pupilas y falta de respiración (depresión respiratoria).

Sólo quienes padecen un dolor muy intenso, como el que suele acompañar al cáncer, deben consumir opioides. Las personas que no están en estas condiciones y los consumen corren un riesgo mayor de sufrir depresión respiratoria, náuseas, vómito violento y alucinaciones.

Los opioides son medicamentos controlados que sólo médicos capacitados pueden prescribir y cuya venta requiere una receta especial.

Los opioides pueden producir tolerancia o dependencia. La tolerancia se produce cuando, después de consumir un fármaco opioide durante cierto tiempo, ya no surte el efecto analgésico que se persigue y es necesario aumentar la dosis para alcanzarlo. La dependencia consiste en una imperiosa necesidad física y psicológica de seguir consumiendo el opioide en cuestión.

Sólo un médico está capacitado para prescribir opioides.

Cuando una persona ha consumido opioides durante un tiempo largo, hay que retirárselos poco a poco, para que no sufra lo que se conoce como síndrome de abstinencia.

Por desgracia, el abuso de los opioides por parte de personas adictas a las drogas ha limitado su empleo terapéutico, tan necesario como legítimo, en enfermos de cáncer, sida y otros padecimientos que ocasionan grandes dolores.

Tratamiento psicológico del dolor

Modelo antiguo de esfigmomanómetro, aparato para medir la presión arterial.

E l tratamiento psicológico del dolor no se refiere a una terapia psicoanalítica, sino a un área donde la psicología y la medicina se dan la mano. Se trata de la ciberfisiología, entendida como el conjunto de capacidades autorreguladoras o de control mental de las funciones corporales, incluidas las voluntarias y otras que antes se consideraban involuntarias, como el ritmo cardiaco (el número de latidos por minuto) y la presión arterial.

Lo anterior significa que por medio del pensamiento somos capaces de regular funciones cuyo control se creía exclusivo del sistema nervioso autónomo. Por increíble que parezca, esto se consigue gracias a técnicas que los psicólogos cognitivo-conductuales pueden enseñar y el paciente aprender.

La terapia cognitivo-conductual se propone modificar pensamientos y comportamientos. Está centrada en el presente, a diferencia de la terapia psicoanalítica, que estudia el inconsciente y el pasado.

Entre las técnicas de la terapia cognitivo-conductual se encuentran la relajación, la imaginación, la autohipnosis, la bioautorregulación, el reforzamiento positivo y la desensibilización.

Relajación

Consiste en enseñar a la persona a distender los músculos, desde los dedos de los pies hasta la coronilla. Es de utilidad para reducir la ansiedad antes y en el transcurso de procedimientos diagnósticos y terapéuticos, como la toma de una muestra de sangre o la aplicación de una inyección o suero por vía intravenosa.

Sus ventajas son la reducción del ritmo cardiaco, la presión arterial, el grado de transpiración (sudoración), la frecuencia respiratoria y la ansiedad.

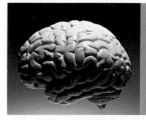

Imaginación o visualización

Es el empleo del pensamiento para tratar síntomas físicos como el dolor. A finales del siglo XIX, un farmacéutico francés afirmaba que todos nuestros pensamientos terminan por hacerse realidad: "Uno es lo que piensa que es". De hecho, todas las acciones humanas están precedidas por un pensamiento, y cada uno de ellos se traduce en cambios fisiológicos, como el aumento o la disminución del ritmo cardiaco o la presión arterial. Si alguien piensa en algo triste, se pondrá triste; si piensa, en cambio, en un ser amado, se pondrá feliz.

Las técnicas de control mental de la ansiedad son muy eficaces para combatir el estrés.

La técnica consiste en crear imágenes mentales de cosas que nos infunden bienestar y placidez, como un día en la playa o en la nieve, un juego de futbol, un baile o cualquier otra actividad que nos resulte agradable. Así podemos transportarnos mentalmente al sitio donde quisiéramos estar.

El conjunto de imágenes que los pacientes utilizan en los ejercicios de relajación e imaginación puede ser visual, auditivo, táctil, gustativo y olfatorio: acariciar una mascota, aspirar el aroma de un bosque, sentir la brisa del mar, etcétera.

Como técnica de la terapia cognitivo-conductual, la imaginación consiste en crear imágenes mentales de actividades placenteras.

La bioautorregulación es el control mental de algunas funciones corporales

La relajación y la concentración en imágenes mentales, ya sea espontáneas o dirigidas, aspira a obtener resultados específicos, como el alivio del dolor.

Autohipnosis

Es un método psicofisiológico definido como un estado alternativo de la conciencia, ya sea espontáneo o deliberado, en el que el individuo puede proponerse a sí mismo y aceptar sugerencias para mejorar en determinado aspecto mental o físico. El proceso habitual incluye un ejercicio previo de relajación e imaginación.

Bioautorregulación

Es la capacidad de control mental sobre ciertas funciones corporales, como el ritmo cardiaco y la presión arterial. Para efectos de adiestramiento, supone el empleo de instrumentos que evidencian los cambios psicofisiológicos. Los instrumentos más comunes son los termómetros cutáneos.

El electromiógrafo mide el grado de tensión o relajación de los músculos.

Basta un pensamiento catastrofista para hacer que nuestra temperatura cutánea disminuya y nuestro corazón lata más aprisa. He aquí cómo una emoción puede traducirse en cambios psicofisiológicos. En cambio, si nos relajamos e imaginamos algo agradable, la temperatura de la piel aumentará. Se nota que una persona está tensa cuando tiene las manos frías o sudorosas: estos signos son la manifestación de sus pensamientos.

El adiestramiento en bioautorregulación también implica el uso del electromiógrafo de superficie, instrumento que mide el grado de contractura muscular. Cuando tenemos alguna preocupación nos ponemos tensos; arrugamos el entrecejo porque contraemos los músculos de la frente. Existen otros aparatos que determinan el grado de sudoración midiendo la corriente galvánica de la piel.

Las imágenes mentales agradables mejoran los signos vitales.

Reforzamiento positivo
Consiste en premiar la cooperación activa del paciente en un procedimiento. A un niño, por ejemplo, se le premia regalándole algún juguete u otra cosa de su agrado.

Desensibilización
Consiste en la exposición cada vez mayor del paciente a objetos o situaciones que le provocan ansiedad, a fin de disminuir paulatinamente el grado de ésta. Es el tratamiento habitual de las fobias.

El ceño fruncido, efecto de contraer los músculos de la frente, es señal de dolor o preocupación.

Qué son los cuidados paliativos

Cuando a una persona se le diagnostica una enfermedad que puede llevarla a la muerte, es indispensable evitarle el sufrimiento en la mayor medida de lo posible. El diagnóstico de un padecimiento incurable no exime a los médicos ni a otros profesionales de la salud de brindar al enfermo la atención necesaria para que se sienta bien. Su familia y él, que están pasando por tan difícil situación, merecen alivio para su sufrimiento.

Pero no están solos: existen los cuidados paliativos. *Paliativo* viene de *paliar,* que significa mitigar o atenuar un dolor o una pena. Así, los cuidados paliativos son los tratamientos y remedios que se aplican para mitigar el sufrimiento causado por las enfermedades, en particular las terminales. En el año 2002 la OMS los definió así: "Cuidados que mejoran la calidad de vida de los pacientes y sus familias, haciendo frente a los problemas asociados a una enfermedad que pone en peligro la vida, a través de la prevención y el alivio del sufrimiento mediante una detección temprana y una evaluación y un tratamiento impecables del dolor y otros problemas físicos, psicosociales y espirituales".

Los cuidados paliativos:

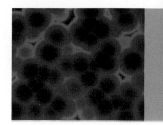

- Proveen alivio para el dolor y otros síntomas.
- Afirman la vida y consideran la muerte como un proceso natural.
- No aceleran ni posponen la muerte.
- Integran los aspectos psicológicos y espirituales del paciente.
- Ofrecen un sistema de apoyo que ayuda a los pacientes a llevar una vida lo más activa posible hasta la muerte.
- Ofrecen un sistema de apoyo que ayuda a la familia a enfrentar la enfermedad del paciente y el duelo por su fallecimiento.
- Utilizan un equipo de acercamiento para atender las necesidades de los pacientes y sus familiares, incluyendo consejería del duelo, si está indicada.
- Mejoran la calidad de vida del enfermo y pueden incluso influir de manera favorable en el curso de la enfermedad.
- Son aplicables desde el principio de la enfermedad, en combinación con otros tratamientos que intentan prolongar la vida, como la quimioterapia y la radioterapia, e incluyen las investigaciones necesarias para entender y tratar mejor las complicaciones.

Los cuidados paliativos buscan mejorar la calidad de vida de los enfermos terminales, incluidos los niños.

Cuidados paliativos para niños

La OMS define los cuidados paliativos para niños en los siguientes términos:

- Son los cuidados totales del cuerpo, la mente y el espíritu del niño, además del apoyo o soporte a la familia.
- Comienzan cuando se ha diagnosticado la enfermedad y continúan sin importar si ésta recibe o no tratamiento.
- Deben evaluar y aliviar la tensión física, psicológica y social.
- Requieren un acercamiento multidisciplinario que incluye a la familia y hace uso de los recursos de la comunidad.
- Pueden llevarse a cabo con éxito aunque los recursos sean limitados.
- Pueden aplicarse en centros de salud e incluso en las casas de los niños.

La atención para niños con enfermedades terminales se les puede brindar en casa

La finalidad principal de los cuidados paliativos no es tanto prolongar la vida como mejorar la calidad de vida. "El objetivo es añadir vida a los días del niño, no sólo días a su vida" (Academia Estadounidense de Pediatría).

Enfermedad terminal

Una enfermedad terminal es un padecimiento avanzado, progresivo e incurable en el que ya no quedan esperanzas de respuesta favorable del enfermo al tratamiento, éste ya no resulta eficaz, se presentan numerosos síntomas intensos, multifactoriales y cambiantes, y la expectativa de vida es corta.

Un pequeño paciente en el hospital.

Uno de los principales síntomas que deben paliarse es precisamente el dolor, pero éste se acompaña de otros signos, lo mismo físicos que psíquicos, como disnea o dificultad para respirar, náuseas, vómito y estreñimiento.

Los enfermos tienen todo el derecho a que se alivie su sufrimiento

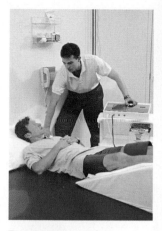
Terapia física para un joven con discapacidad.

El dolor es un signo vital; controlar el dolor es cuidar la vida y permitir la muerte de manera natural. No hay que perder de vista que los enfermos tienen derecho a que se alivie su sufrimiento.

La disnea o dificultad para respirar se presenta porque los pulmones no funcionan adecuadamente debido a la diseminación de un cáncer, neumonía, derrame pleural o insuficiencia cardiaca, entre otras causas posibles.

El enfermo terminal también puede verse afectado por la anorexia: una falta de apetito producida por alteración de los sentidos del gusto y el olfato, presencia de masas tumorales o escasa producción de insulina.

Las náuseas y el vómito, al igual que el dolor, pueden ser consecuencia de la quimioterapia, de un sangrado del tracto gastrointestinal o de la obstrucción de una víscera por la propagación de la propia enfermedad.

El estreñimiento es un síntoma molesto para el enfermo. Puede deberse a la inactividad, a la escasa ingestión de alimentos y líquidos o al uso de analgésicos opioides.

La fatiga y la debilidad se manifiestan en más de 63 por ciento de los pacientes terminales.

Mujer con un acceso de náuseas.

Asimismo, puede presentarse una infección en cualquier parte del cuerpo y provocar dolor, fiebre, mal olor y malestar general. La propensión a las hemorragias se debe al descenso en el número de plaquetas. La hemorragia no sólo es molesta, sino que asusta a la persona que la sufre.

Muchos enfermos terminales padecen ansiedad y agitación hasta el grado de no poder expresarse con facilidad. Si se presenta prurito o comezón, pueden deberse a mal funcionamiento del hígado, resequedad de la piel o al uso de analgésicos opioides.

Si el enfermo cae en una depresión, debe contar con apoyo psicológico además del médico.

Para todos los síntomas mencionados existen medicamentos y métodos de tratamiento, por lo que el enfermo no debe sufrirlos.

Los cuidados paliativos son multidisciplinarios. En ellos deben participar médicos, enfermeras, psicólogos, trabajadores sociales, tanatólogos y religiosos. Deben respetarse los ritos religiosos y las creencias de la persona que está por enfrentar la muerte, sin olvidar el apoyo y la presencia de la familia.

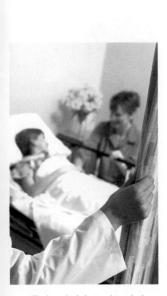

En la administración de los cuidados paliativos deben intervenir desde médicos hasta religiosos.

Derechos del enfermo terminal

1. Derecho a actuar de una manera digna y con respeto a sí mismo.
2. Derecho a ser tratado con respeto.
3. Derecho a cometer errores.
4. Derecho a hacer menos de aquello para lo que está humanamente capacitado.
5. Derecho a cambiar de opinión.
6. Derecho a pedir lo que desea.
7. Derecho a reducir su ritmo de vida y tomarse un tiempo para pensar antes de actuar.
8. Derecho a pedir información.
9. Derecho a sentirse bien consigo mismo.
10. Derecho a pedir ayuda y asistencia.

11. Derecho a estar en desacuerdo.
12. Derecho a no explicar todo lo que piensa y siente.
13. Derecho a decir "no" sin sentirse culpable.
14. Derecho a preguntar "¿por qué?"
15. Derecho a ser escuchado seriamente cuando expresa sus sentimientos.

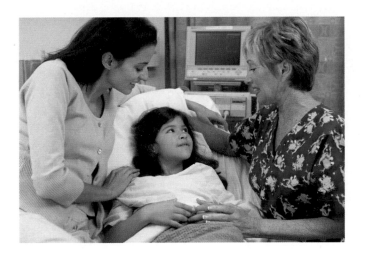

La depresión

No hay que confundir tristeza con depresión.

> En vano he nacido,
> en vano he venido a salir
> de la casa del dios de la tierra.
> ¡Yo soy menesteroso!
> Ojalá en verdad no hubiera venido a la tierra…
> ¿Habré de erguirme sobre la tierra?
> ¿Cuál es mi destino…?
> Me he doblegado,
> sólo vivo con la cabeza inclinada
> al lado de la gente.
> Por eso me aflijo.
> ¡Soy desdichado!
> Nezahualcóyotl

Todos nos hemos sentido tristes en algún momento de nuestra existencia. Los sentimientos de desaliento e incomodidad son completamente normales en momentos difíciles de la vida, pero una persona que no puede superarlos, o que sin razón aparente se encuentra atrapada en ellos, quizá padezca una enfermedad que se llama depresión. No debemos confundir la tristeza o el duelo, que se deben a la pérdida de un ser querido o a un cambio radical en nuestra vida, con la depresión, que se debe principalmente a alteraciones bioquímicas en el cerebro.

Ya en documentos tan antiguos como los textos bíblicos se describe de manera peculiar la depresión: "Entre tanto, el espíritu del Señor se había apartado de Saúl, y un espíritu maligno, enviado por el Señor, lo atormentaba" (Samuel I, 16:14). "Así que, cuando el espíritu maligno de parte de Dios atacaba a Saúl, David tomaba el arpa y se ponía a tocar. Con eso Saúl recobraba el ánimo y se sentía mejor, y el espíritu maligno se apartaba de él" (Samuel I, 16:23).

La depresión se ha manifestado en más de un personaje célebre, como el pintor noruego Edvard Munch, que además de expresar la angustia en su famoso cuadro *El grito,* pintó la melancolía de su madre y de su hermana; en sus últimos autorretratos son evidentes la gran tristeza y la soledad que lo embargaban.

Musicalmente, la depresión sería un adagio; si se le asignaran colores, serían el gris y el negro. Pero no se trata de *Los sufrimientos del joven Werther,* el libro de Goethe que inspiró a Jules Massenet a componer una ópera de desenlace igualmente trágico. La depresión es una enfermedad terrible que puede llevar a la muerte.

La muerte de Saúl.

Estatua de una mujer doliente, en la población francesa de Crépy-en-Valois.

Adolescente con características de depresión.

Según la OMS, la depresión es aún más incapacitante que la diabetes, y más costosa en términos de años productivos y calidad de vida. Se calcula que en todo el mundo hay 121 millones de personas aquejadas de este padecimiento. La fatiga sin motivo, la falta o el exceso de apetito y la dificultad para tomar decisiones se cuentan entre sus síntomas.

La depresión no ha recibido toda la atención que merece

La depresión es un trastorno afectivo que pone en peligro la vida de quien lo padece. Su complicación más temida es el suicidio. No se le ha dado la importancia que merece, e incluso muchas de sus víctimas niegan que se trate de una enfermedad alegando que "uno tiene derecho a estar deprimido". Esta idea, del todo errónea, es un obstáculo para recibir la atención médica adecuada.

La depresión es causa de problemas conyugales, sociales y laborales. Una de sus consecuencias, la disfunción ocupacional, genera baja productividad, ausentismo y desempleo, lo que repercute en el desarrollo económico de una comunidad. Si la persona afectada es padre de familia, la depresión interfiere en sus expectativas. Los adolescentes deprimidos corren mayor riesgo de caer en las adicciones.

La depresión puede tener consecuencias mortales.

Es un padecimiento que no respeta edad ni sexo, si bien afecta al 9.5 por ciento de la población femenina y sólo al 5.8 por ciento de la masculina. Se calcula que de 20 a 25 por ciento de las personas la padecen en alguna etapa de su vida.

La depresión es la principal causa de suicidio, y la octava causa de muerte en individuos de entre 15 y 24 años en Estados Unidos, donde cada día se suicidan 15 personas de este grupo de edad.

¿Cómo saber si alguien sufre depresión?

Si una persona manifiesta por lo menos cinco de los siguientes síntomas en el transcurso de dos semanas, está deprimida:

1. Tristeza, a veces expresada como una sensación de vacío, casi a diario.

2. Falta de interés por las actividades placenteras, la mayor parte del día y casi todos los días.

3. Pérdida de peso por disminución del apetito o, al contrario, exceso de apetito que produce un aumento de peso superior al cinco por ciento en el lapso de un mes.

4. Insomnio o, por el contrario, somnolencia casi a diario.

5. Lentitud o agitación.

6. Pérdida de energía y fatiga diaria.

7. Sentimientos de culpa, baja autoestima y autorreproches.

8. Falta de concentración, indecisión, sensación de ser observado por los demás.

9. Pensamientos recurrentes de muerte, ideas suicidas o intentos de suicidio.

La muerte de Romeo, de Achille Devéria y Louis Boulanger.

Un caso de depresión

El señor GCP, hombre de 54 años que ha sufrido varios cuadros depresivos y a cuyo padre lo atormentaba el mismo trastorno, relata su experiencia:

"No quería ver a nadie, ni siquiera a mi propia familia. Sólo quería estar en mi cuarto. No podía pensar ni tomar decisiones. Me era imposible concentrarme. Estaba en un lugar y quería estar en otro. Me dominaba la melancolía. Por mi falta de concentración tuve dos accidentes de tránsito. Dormía poco, y al llegar el día no era un amanecer bonito, sino angustiante, después de haber pasado la noche en vela. Sufría pesadillas y pensaba en la muerte. No tenía deseo sexual. Unas veces comía en exceso y otras no comía; después tenía la sensación de que me reventaba la cabeza, y me daban dolores musculares. Así pasaron 10 meses. Pensaba que ya no volvería a reír y que la vida se iba a acabar".

"Había preferido romperme las piernas y los brazos con tal de que no me diera depresión"

El señor GCP recurrió al alcohol para sentirse mejor, pero era un alivio momentáneo, porque al pasar el efecto se sentía aún más deprimido. Durante cinco meses no trabajó porque le era imposible pensar. Su autoestima estaba por los suelos. Por fortuna, al final acudió con un psiquiatra que le recetó antidepresivos, además de una psicoterapia. Su mejoría fue considerable. Volvió a sonreír, a trabajar y a tomar decisiones.

"La depresión es una enfermedad horrible. Habría preferido romperme las piernas y los brazos con tal de que no me diera eso. A las personas que sufren depresión les recomiendo que busquen ayuda profesional, que se pongan bajo observación, porque en un momento dado pueden perder la cabeza y no sería difícil que buscaran una salida equivocada. Recuerdo que cuando estaba esperando una consulta del psiquiatra, éste tuvo que salir urgentemente porque un paciente deprimido al que habían dejado solo se arrojó de un segundo piso".

Tipos de depresión

Existen distintas clases de depresión. Cuando un psiquiatra emite el diagnóstico, puede emplear diversos términos, como depresión mayor, depresión clínica, trastorno unipolar, bipolaridad, etcétera.

Las personas que sufren depresión deben recibir ayuda profesional.

El tratamiento ideal de la depresión supone una combinación de antidepresivos y psicoterapia.

Cuando una persona se ve muy afectada por el trastorno durante un periodo corto, se dice que tiene un episodio de depresión clínica. La depresión mayor está caracterizada por síntomas más agudos. Mientras que algunas personas sufren episodios graves, pero infrecuentes, también existe la llamada distimia, en la que casi todo el tiempo hay síntomas depresivos, pero de forma leve. Estas mismas personas también pueden sufrir episodios de depresión mayor, trastorno que se designa con el nombre de depresión doble.

Detalle de *El nacimiento de Venus,* de Sandro Botticelli.

La depresión mayor comprende alteraciones del estado de ánimo, el sueño, el apetito, la energía, la motivación, el pensamiento y la capacidad de placer

En el trastorno bipolar los periodos de depresión se alternan con otros de manía, es decir, euforia y buen humor, durante los cuales el individuo puede ser muy productivo.

La depresión mayor, o desorden depresivo mayor, es un síndrome psiquiátrico caracterizado por alteraciones del estado de ánimo, el sueño, el apetito, la energía, la motivación, el pensamiento y la capacidad hedonística.

De acuerdo con el *Diagnostic and Statistical Manual for Mental Disorders* (DSM-IV), manual para diagnosticar los trastornos mentales, se puede hablar de un episodio depresivo cuando el paciente manifiesta desánimo y pierde el interés por las actividades placenteras por lo menos durante dos semanas. Los episodios depresivos tienden a ser recurrentes y, si no se tratan, a durar más y volverse más acentuados.

En la depresión están implicados factores genéticos, ambientales y bioquímicos. En la foto, imagen digital de un segmento de ADN.

La capacidad hedonística está regulada por el sistema límbico.

En la depresión intervienen factores genéticos, ambientales y bioquímicos. Con ella se han asociado ciertas hormonas y neurotransmisores, como la noradrenalina, la dopamina, el cortisol y la hormona tiroidea. Asimismo, diversos estudios han observado alteraciones del sistema de la serotonina y el eje sistema límbico-hipotálamo-pituitaria-suprarrenal. El sistema límbico interviene en el control del apetito, el sueño, la capacidad hedonística y el control de las emociones.

La deficiencia de ciertos neurotransmisores está implicada en la depresión

En las personas que sufren depresión se producen alteraciones de los neurotransmisores, sustancias naturales del organismo que intervienen en la intercomunicación neuronal.

Las neuronas se comunican en la sinapsis (zona de contacto entre las terminaciones de una y otra) por medio de neurotransmisores que libera la neurona presináptica (la situada antes de la sinapsis); los neurotransmisores liberados cruzan el espacio sináptico para ser absorbidos por la neurona postsináptica (la situada después de la sinapsis) en un punto especializado al que se llama receptor. Los receptores semejan cerraduras, cada una de las cuales admite sólo la llave (el neurotransmisor) que le corresponde.

Neurona ampliada 400 veces.

Los neurotransmisores residuales son reabsorbidos por la neurona presináptica y almacenados en diminutas vesículas de la terminación o degradados por la enzima monoaminooxidasa (MAO).

Los dos neurotransmisores implicados en la depresión son la serotonina y la noradrenalina.

La noradrenalina, que favorece el estado de alerta, interviene en el control de las emociones y el estado de ánimo. Se cree que inhibe o estimula muchas emociones, y que contribuye a regular el sueño.

La serotonina interviene en la regulación del dolor y el placer, en la generación de ansiedad y miedo, y en el ciclo de vigilia y sueño. El organismo la sintetiza a partir de un aminoácido llamado triptófano.

La deficiencia de serotonina puede causar trastornos del sueño, irritabilidad y ansiedad, tres componentes de la depresión.

La noradrenalina interviene en el control de las emociones.

La concentración insuficiente de noradrenalina propicia la fatiga, la melancolía y el desánimo.

En respuesta al estrés, el enojo o el miedo, las glándulas suprarrenales producen una hormona llamada cortisol. En las personas normales, la concentración de cortisol alcanza su punto máximo en la mañana, y luego va disminuyendo poco a poco en el transcurso del día; en quienes sufren depresión, la concentración de cortisol permanece invariable a lo largo del día.

La falta de luz solar del invierno propicia la depresión

Las concentraciones bajas de noradrenalina y dopamina tienen relación con la depresión tipo A. Las deficiencia de serotonina, con la depresión tipo B.

Otra forma de depresión es el trastorno afectivo estacional, que puede afectar a personas de cualquier edad, pero es más común en las mujeres de entre 20 y 40 años, y se ha observado en niños y adolescentes. La incidencia aumenta con la latitud: la población más susceptible es la de los países más alejados del ecuador, y el trastorno se manifesta principalmente durante los meses en que las noches son más largas.

Se ha observado que la luz solar influye en la química del cerebro.

La exposición moderada al sol alivia la depresión estacional.

Se ha observado que la falta de luz solar característica del invierno afecta a la química del cerebro. Hay sustancias cuya concentración en el organismo aumenta o disminuye dependiendo de la luz y la oscuridad. Por ejemplo, la melatonina, una hormona que interviene en la regulación del sueño, se segrega sólo en la oscuridad, y la serotonina, un neurotransmisor que influye en el apetito, la energía y el estado de ánimo, alcanza sus máximas concentraciones cuando la persona está expuesta a una luz del sol intensa.

El tratamiento para la depresión estacional es la luminoterapia

Diversas investigaciones han demostrado que la luz natural afecta los ciclos circadianos. Faltan estudios más concluyentes sobre la bioquímica exacta del trastorno afectivo estacional, pero es indiscutible que la falta de luz solar desempeña un papel importante en la incidencia de este padecimiento. Hoy en día el tratamiento es a base de luminoterapia: sesiones en las que se expone al paciente a una luz de amplio espectro semejante a la solar, con lámparas llamadas "cajas de luz".

Tratamientos de la depresión

La depresión es una de las enfermedades mentales con más posibilidades de tratamiento. De 80 a 90 por ciento de las personas deprimidas responden a la administración de antidepresivos, y todas las que reciben tratamiento consiguen aliviar algún síntoma.

Existen varios tipos de antidepresivos:

Los inhibidores selectivos de la reabsorción de serotonina incluyen la fluoxetina, el citalopram y la sertralina. Entre los inhibidores selectivos de la reab-

La elección del antidepresivo depende del tipo de depresión.

sorción de serotonina y noradrenalina están la venlafaxina y la duloxetina.

Los antidepresivos tricíclicos y los inhibidores selectivos de la reabsorción de serotonina suelen prescribirse a las personas cuyos síntomas principales son fatiga, sentimientos de desesperanza, excesivos sentimientos de culpa, incapacidad para sentir placer y reducción de peso por falta de apetito.

Los inhibidores de la MAO en general están indicados cuando el enfermo de depresión presenta, además, aumento de peso por apetito excesivo, gran somnolencia, ansiedad, accesos de pánico y síntomas obsesivo-compulsivos.

La psicoterapia para la depresión puede ser de muchos tipos. Aquí, la musicoterapia.

El litio se emplea en los casos en que la depresión se alterna con lapsos de euforia o manía, como ocurre en el trastorno bipolar y en las depresiones recurrentes.

El psiquiatra es la única persona capacitada para decidir qué medicamento es adecuado para cada caso de depresión. La medicina logra avances importantes cada día y es posible que dentro de poco haya nuevos antidepresivos.

Además de los medicamentos está la psicoterapia, que consiste principalmente en sesiones de diálogo y otras técnicas de apoyo psicológico, según la escuela del terapeuta. Entre ellas están la psicoterapia interpersonal, la cognitivo-conductual, el psicoanálisis y la terapia psicodinámica.

Es innegable que la depresión puede tener consecuencias fatales, pero es perfectamente tratable, y la persona afectada puede recuperar la alegría de vivir.

Es muy posible recuperar la alegría de vivir.

Anorexia, bulimia y otros trastornos

La obsesión por la delgadez puede poner en peligro la salud y la vida.

Vivimos en un mundo paradójico donde, por la mala distribución de la riqueza, parte de la humanidad padece escasez y desnutrición, y muere de hambre, mientras que otra parte sufre una "epidemia" de obesidad sin precedente. En ciertas sociedades también es preocupante la obsesión por estar esbelto a toda costa, obsesión de la que derivan enfermedades que pueden resultar mortales, como la anorexia y la bulimia.

Un testimonio

"Estoy viva y ésta es mi historia. Por razones de seguridad y prudencia no revelo mi nombre, pero soy alguien como tú, y sé por lo que estás pasando."

"¿Crees que el mundo está en tu contra? ¿Piensas que nadie te entiende? ¿No quieres salir? Pues así empecé yo, con situaciones como éstas, que secuestraron mi vida durante dos años, porque no quería vivir, negaba mi situación y mi verdad era la única, pero lo peor que pude hacer fue aislarme y no platicar de mis problemas."

"Sin embargo, gracias a un familiar estoy viva y puedo ayudar a personas como tú, que están sufriendo esta enfermedad. Todo fue un problema de aceptación, una salida fácil antes que enfrentar mi edad, mis problemas y, sobre todo, a mí. Mi peor enemiga era yo."

"Los síntomas que tenía eran resequedad de la piel, deshidratación y estreñimiento. Se me había retirado la regla, me crecía un vello diminuto, estaba deprimida, cansada y fría. Tenía mucho frío."

"Tenía el pelo y las uñas frágiles y delgados. Siempre estaba de mal humor. Me costaba poner atención en las clases; tardaba dos horas en aprenderme un párrafo. Se me hinchó la cara: parecía una ardilla. Me dolía la garganta, me salieron caries y tenía malestar estomacal. Dejé de comer cosas picantes para poder seguir vomitando."

"Tenía ansiedad. Toda mi vida se reducía a contar calorías. No me gustaba comer acompañada, porque me sentía acosada. Sola era más fácil comer y vomitar. Tenía insomnio. Desconfiaba de mis amigos."

"Mis previsiones eran muy negativas. No veía un futuro. Me sentía inútil, y como no podía controlar mi vida, pero sí mi comida, tenía que llegar a la aceptación, es decir, a la *perfección.*"

"Mis consejos: no te dejes intimidar por los demás, sean amigos, novios(as) o familiares, ya que deben

La obsesión por la delgadez es propia de la anorexia y la bulimia.

aceptarte como eres y no imponerte un modelo. No permitas que otros decidan por ti, siempre y cuando no dañes tu salud. Dedica tiempo a actividades recreativas y no te encierres en tus ideas. Piensa que, por delgada que estés, no vas a cambiar nada. No seas presa de un modelo físico. No todos tenemos la misma complexión. Trata de ser tú misma, no alguien más. Procura hablar de tu peso, de las calorías y de la comida el menor tiempo posible."

"Aprende más sobre los trastornos alimentarios, fomenta las comidas en familia o con amigos y abre un camino al diálogo. Lo más importante es saber escuchar."

Ten una imagen corporal positiva, lleva una dieta saludable y ejercítate por el gusto de hacerlo

"Si tienes una imagen corporal positiva, llevas una dieta saludable y te ejercitas por el gusto de hacerlo y para estar en forma, esto te ayudará a mantener un equilibrio saludable en tu vida y a disminuir el riesgo de contraer un trastorno alimentario."

"Sugerencias: identifica y respeta todo acerca de ti; procura que el acto de comer sea una experiencia positiva; trata de comer saludablemente; haz ejercicio todos los días."

"Gracias".

Anorexia y bulimia

La anorexia y la bulimia son manifestaciones de una "epidemia de culto al cuerpo" y de la "cultura de la delgadez". Se trata de una obsesión moderna por la perfección, una búsqueda dictada por un mundo capitalista que no desea sino enriquecerse a costa de la salud física y mental de las personas.

Las jóvenes no tienen que ser esclavas de un modelo físico.

Tanto la anorexia como la bulimia son alteraciones graves de la conducta alimentaria. Prevalecen en sociedades occidentales industrializadas y en los niveles socioeconómicos medio y alto. Ambos trastornos afectan más a las mujeres que a los hombres, la anorexia en una proporción de 10 a 1, y la bulimia de 2 a 1.

Anorexia nerviosa

"Anorexia" (del griego *an-,* prefijo de negación, y *órexis,* apetito) significa inapetencia. La anorexia nerviosa es un trastorno de la alimentación caracterizado por la renuencia a mantener el peso corporal dentro del límite mínimo correspondiente a la edad y la talla, y la obsesión por reducirlo, a veces hasta 85 por ciento por debajo de lo normal. Implica un miedo mórbido a la gordura o a subir de peso, lo que conduce a un marcado adelgazamiento en un periodo breve.

Figura femenina deformada con un truco fotográfico según la moderna "cultura de la delgadez".

Entre las consecuencias de la anorexia están el autodesprecio y alteraciones del carácter

La anorexia produce alteraciones en la percepción del propio peso o de la figura, de tal modo que la persona afectada, por delgada que esté, se percibe como obesa y se empeña en seguir adelgazando. En las mujeres puede presentarse amenorrea (falta de tres menstruaciones consecutivas).

Pueden presentarse otros cambios importantes en las funciones orgánicas, la conducta y el pensamiento; autodesprecio o sentimientos de culpa por haber comido; hiperactividad y ejercicio excesivo; hipersensibilidad al frío, y alteraciones del carácter (irritabilidad, tristeza, insomnio, etcétera).

Una joven delgada que se ve al espejo y se percibe como gorda, síntoma característico de anorexia.

El vómito provocado es sintomático de bulimia.

Bulimia nerviosa

La bulimia (del griego *bus,* buey, y *limos,* hambre) es un trastorno mental caracterizado por la alternancia de atracones (episodios de ingestión excesiva de alimentos en breve tiempo) y una preocupación exagerada por el control del peso corporal, que lleva a la persona afectada a adoptar conductas inadecuadas y peligrosas.

Después del atracón, para no aumentar de peso, la persona adopta conductas compensatorias inapropiadas

Hay dos clases de bulimia: la purgativa, en la que la persona se provoca el vómito y abusa de enemas y otros laxantes, y la no purgativa, en la cual se practican el ayuno, el ejercicio intenso o ambos.

Un atracón se caracteriza por la ingestión, en un lapso breve (por ejemplo, dos horas), de alimento en cantidad superior a la que el común de la gente comería en el mismo tiempo, y por la sensación de pérdida de control sobre el acto de comer.

Después del atracón, para no aumentar de peso, la persona adopta conductas compensatorias inapropiadas, como provocarse el vómito, abusar de laxantes, diuréticos, enemas y otros fármacos, ayunar y hacer ejercicio en exceso.

Los atracones y las conductas compensatorias inapropiadas suelen ocurrir, en promedio, dos veces por semana, durante un periodo de tres meses.

La obsesión por el peso y la figura distorsiona la autoevaluación de la persona.

El vómito excesivo afecta a todo el organismo, empezando por los dientes, que sufren erosión del

Aunque es bueno preocuparse por el peso corporal, los extremos son peligrosos.

esmalte, y se puede llegar al extremo de perder piezas dentales completas.

En el aspecto psicológico, se producen alteraciones del estado de ánimo: depresión, tristeza, sentimientos de culpa y odio hacia uno mismo.

Complicaciones de la anorexia y la bulimia

Los trastornos alimentarios afectan prácticamente a todo el organismo: corazón, riñones, hígado, tracto digestivo y sistema endocrino.

Entre las complicaciones están la bradicardia (pulso demasiado lento), arritmia (alternancia de latidos rápidos y lentos), alteraciones de la presión arterial, derrame pericárdico (presencia de líquido en el pericardio, la envoltura del corazón) e incluso una muerte súbita.

Figura promovida por la "cultura de la delgadez".

Los trastornos derivados de la anorexia y la bulimia son múltiples y muy graves

Cuando se ayuna a causa de la anorexia, el aparato digestivo se trastorna y se produce un retraso en el vaciamiento del estómago, así como distensión y dolor abdominales. Es posible que el intestino se atrofie y que el estómago se dilate e incluso se perfore; el páncreas puede inflamarse y el colon sufrir necrosis (muerte del tejido).

Los diuréticos ocasionan una deficiencia de potasio que puede llevar a un paro cardiaco, arritmia, calambres, disminución de los reflejos, fatiga y deshidratación.

Por su parte, los laxantes pueden causar cólicos y estreñimiento, volver perezoso al intestino y entorpecer la absorción de grasas, proteínas y calcio. La

Aspecto de una víctima de la anorexia.

La vigorexia se caracteriza por una actividad física excesiva.

piel a veces cambia de color (pigmentación) y puede producirse retención de líquidos, reblandecimiento de los huesos (osteomalacia) y alteraciones de la médula ósea.

Trastornos alimentarios y dolor

Cuando se padece un trastorno alimentario la sensibilidad al dolor está disminuida. Cuanto más tiempo dura el trastorno, menos dolor dicen tener las víctimas, que por otra parte manifiestan conductas autodestructivas.

En un estudio de 376 casos de trastornos alimentarios (119 de anorexia, 137 de bulimia y 120 de otros padecimientos) se observó que 34 por ciento de los participantes practicaban la autoagresión; de ellos, 91 por ciento se infligían cortaduras y rasguños en los brazos, 50 por ciento se lastimaban las manos, 46.9 por ciento la cara, 30 por ciento las piernas y menos del 10 por ciento los genitales.

Vigorexia y dismorfia corporal

La vigorexia es un culto al músculo y una obsesión por aumentar la masa muscular. Se caracteriza por una actividad física exagerada y compulsiva, sobre todo en gimnasios, y una percepción alterada de la propia figura, pues quienes la padecen, aunque tengan el cuerpo atlético, al mirarse en el espejo se ven enclenques.

Esto ocurre porque, en las últimas décadas, ser físicamente perfecto se ha convertido en uno de los objetivos principales de las sociedades desarrolladas. Por eso no es extraño que a la vigorexia, más frecuente en estas sociedades por la gran influencia que ejercen los medios de comunicación, también se le haya llamado síndrome de Adonis.

En cuanto a la dismorfia corporal, es una vigorexia centrada en determinada parte del cuerpo,

Culto al físico que propicia la vigorexia.

Equipo multidisciplinario para atender los trastornos de la alimentación.

aunque no exista en ella ningún defecto. En ambos trastornos se desea una imagen corporal perfecta y se distorsiona la realidad frente al espejo.

Para prevenir la anorexia y la bulimia hay que inculcar hábitos alimentarios sanos y afición por las actividades físicas y recreativas

Tratamiento de la anorexia y la bulimia

El tratamiento de los trastornos de la alimentación debe ser multidisciplinario, es decir, confiarse a un equipo de profesionales que incluya psiquiatra, psicólogo, nutricionista e internista o pediatra. La psicoterapia debe ser individual y de grupo.

Las medidas preventivas incluyen educar desde la infancia, en la familia y en los centros escolares, para llevar una vida saludable; inculcar hábitos de alimentación sanos y fomentar las actividades físicas y recreativas.

Hay que ayudar a los adolescentes brindándoles comprensión, fomentando la comunicación en la familia y la autonomía de cada miembro, y evitando proponerles metas académicas, deportivas o estéticas inalcanzables.

Las dietas para adelgazar, en los jóvenes, deben ser bajo estricta vigilancia médica.

Es indebido y muy dañino ridiculizar a las personas por su aspecto físico.

Si los jóvenes tienen que bajar de peso por razones de salud, deben hacerlo siempre bajo estricta supervisión médica.

Una vez que se haya diagnosticado el trastorno alimentario, hay que buscar la solución con calma, para lo cual la familia no debe culparse ni hacer recriminaciones. Todo esto contribuirá a la eficacia del tratamiento.

Prevención en la escuela

En los centros de enseñanza debe hacerse especial hincapié no sólo en las ventajas de la buena nutrición y las dietas equilibradas, sino en la manera de defenderse contra el culto excesivo al cuerpo y en los inconvenientes de querer ser físicamente perfecto, así como dejar bien claro el daño que puede producirse al ridiculizar a las personas por su aspecto físico.

> No hay que dejarse llevar por los trucos publicitarios, que presentan modelos de perfección física

En el ambiente escolar se pueden observar fácil y oportunamente los cambios físicos y psicológicos de una joven que empieza a padecer un trastorno de la alimentación.

La amistad y la camaradería son antídotos contra la exclusión y la discriminación.

Algunos anuncios publicitarios fomentan que las conductas de alimentación erróneas se consideren como una obligación. Para muchas adolescentes el mensaje es: "Debes estar delgada; la esbeltez te da prestigio; lo propio, lo natural, lo redondo, molesta, perjudica". Hay que aconsejar a las adolescentes que, cada vez que vean modelos delgadas, recuerden que no se trata más que de trucos publicitarios que no tienen nada que ver con su persona.

Es fundamental fomentar la autoestima y enseñar a los jóvenes a aceptarse como son y a no imitar estereotipos inhumanos. Es interesante también leer testimonios de quienes han sufrido estos trastornos y los han superado, como el transcrito al principio de este capítulo.

La psicoterapia de grupo es tan necesaria como la individual para tratar la anorexia y la bulimia.

El dolor de
una epidemia

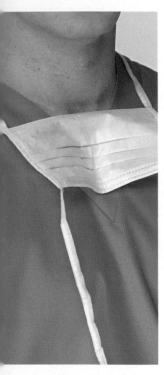

El uso del cubrebocas, antes exclusivo de los ambientes hospitalarios, se hizo extensivo a cualquier lugar concurrido, para contener la propagación de la influenza.

E l dolor puede ser no sólo físico, psicológico o moral; también existe un dolor social cuando la sociedad entera está aquejada de un mal, como guerras, terremotos, tsunamis, cataclismos... Y epidemias.

Primavera del 2009: un virus poco conocido hace presa de un país: México. El cuadro parece surrealista: las sonrisas no se ven más, ya sea por temor al contagio o porque simplemente están ocultas tras los cubrebocas; no más abrazos, no se estrechan las manos al saludar, y mucho menos se puede dar un beso. Nuestra población, tan cálida en su expresión, tan emotiva en su saludo, ahora se debe limitar, reprimirse para no estrecharse; el enemigo es invisible y puede estar oculto dentro de las vías respiratorias de cualquier conciudadano.

Credulidad e incredulidad coexisten de manera paralela. Aun entre el gremio médico, algunos piensan que se exagera, mientras que para otros no se comunica toda la verdad. En las salas de patología se registran las autopsias de jóvenes con el diagnóstico de neumonía de focos múltiples o neumonía atípica. La enfermedad aún no tiene nombre; se confunde, igual que la población está confusa ante lo que vive. No llevará mucho tiempo descubrir la causa.

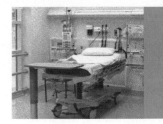

Deambular resulta sofocante, no podemos respirar con libertad, vivimos con miedo, nuestras acciones son cautelosas. Como en una película de terror, cuidamos cada uno de nuestros movimientos; ante el más mínimo estornudo o acceso de tos, enseguida tratamos de protegernos, girando la cabeza, cubriéndonos la cara, evitando a toda costa el peligro de dar entrada al virus.

El gobierno, en una actitud paternalista, pero acertada, toma medidas para evitar la propagación del virus. Los medios de comunicación emiten a menudo las medidas encaminadas a evitar el contagio: no saludar de beso ni de mano, no compartir cubiertos, usar cubrebocas en el transporte público, lavarse las manos con frecuencia, estornudar o toser cubriéndose nariz y boca con la parte interna del codo o con un pañuelo desechable, ventilar los espacios comunes, etcétera.

El Día del Niño no es como siempre. No se ve por los pasillos de los hospitales, ni en las salas de pediatría, todo aquel cortejo de damas voluntarias, payasos y demás personas que amablemente acuden

Pasajeros del metro de la Ciudad de México con cubrebocas como medida preventiva contra el brote epidémico de influenza.

Egon Schiele.

Schiele en su lecho de muerte.

cada año a dar regalos a los niños. El temor al contagio supera su altruismo.

Así como reaccionamos con negación ante el diagnóstico de una enfermedad, así lo hacemos frente a una realidad que no queremos ver, pero que existe y puede provocar la muerte.

¿Cómo es posible que un microbio haga estremecerse de alarma a todo el mundo?

Ya en el pasado hubo grandes epidemias de influenza. En América, la primera descripción de un padecimiento respiratorio grave se registró en Texcoco en 1552, y se le denominó "pestilencia catarral". La primera pandemia reconocida ocurrió en 1580; los italianos la describieron como "influencia planetaria" por una asociación que hicieron con fenómenos astrales observados antes del brote; de ahí la palabra "influenza".

No podemos olvidar la devastadora gripe española, que tantas muertes causó, entre ellas la del pintor austriaco Egon Schiele, tan arraigado a la vida con su erotismo. Sus pinceles no sintieron más sus jóvenes dedos de 28 años. Dos semanas después de su fallecimiento murió su esposa encinta. Se calcula que esa pandemia, ocurrida entre 1918 y 1920, ocasionó la muerte de 50 millones de personas y afectó al 5 por ciento de la población mundial. Según las cifras oficiales, el total de muertes en España fue de 147 114 en 1918; 21 235 en 1919, y 17 825 en 1920. Sin embargo, es probable que más de 260 000 españoles hayan muerto de influenza, 75 por ciento de ellos durante el segundo periodo de la epidemia y 45 por ciento tan sólo en octubre de 1918.

La gripe asiática produjo un millón de decesos de 1957 a 1958; la gripe de Hong Kong fue causa de unos 700 000 entre 1968 y 1970. En 1997, en Hong Kong, un nuevo virus de influenza aviar adquirió la capacidad de infectar a la especie humana. Un virus semejante se identificó en Corea del Sur en 2003 y se extendió a varios países de Asia; para febrero de 2006 se había propagado al Medio Oriente, Europa y África.

Mujer con medias verdes, de Egon Schiele.

Con historias como las anteriores, no podíamos quedarnos con los brazos cruzados esperando a que la enfermedad se extendiera; el mundo ya había sufrido en el pasado, por lo que la Organización Mundial de la Salud (OMS) y los institutos de salud de cada país formularon estrategias de contingencia para el caso de que apareciera una nueva amenaza.

Dolores sociales provocados por la epidemia

Así como un dolor de cabeza impide que un adolescente pueda estudiar, y un dolor de piernas limita el ejercicio físico, la epidemia impide que la sociedad en general realice sus actividades cotidianas.

La sociedad funciona como un cuerpo humano. Cuando cierto número de personas están afectadas por un padecimiento, es como si una parte de nuestro cuerpo estuviera enferma, lo que nos obliga a tomar medidas para curarnos. El cerebro es el gobierno, que toma las medidas pertinentes para evitar que se vean afectadas otras partes del cuerpo.

Primero: se suspenden las clases, con lo que los niños, adolescentes y adultos jóvenes se ven obligados a guardar cuarentena en casa, tal como sucede cuando, a causa de una enfermedad, deben permanecer en reposo.

El abrazo (Los amantes II), de Egon Schiele.

Repercusiones: la prolongación del periodo de clases o la reducción de las vacaciones.

El beneficio: se evita la propagación del virus. Si algún alumno estuviera infectado y todavía no mostrara los síntomas, podría contagiar a otro u

Soldado repartiendo cubrebocas a los transeúntes en el Zócalo de la Ciudad de México.

otros, quienes a su vez podrían transmitir el virus a su familia, y ésta, a los compañeros de trabajo o a otros usuarios del transporte público.

Se suspende igualmente el servicio de guarderías. Aquellos niños cuyos dos padres trabajan tienen que quedarse en casa o en casa de los abuelos, lo que trastorna la rutina y los horarios de la madre, y provoca estrés y mayores gastos.

Segundo: se suspenden los espectáculos públicos. No hay acceso a cines, teatros, museos ni eventos deportivos. No podemos asistir a ellos, como cuando sufrimos amigdalitis o diarrea.

Repercusiones: menores ventas, menor ingreso para la industria del cine y menos entradas por venta de dulces, palomitas, refrescos y demás golosinas, lo que afecta a la economía.

Beneficio: se evita la propagación del virus. Es más factible que en lugares cerrados y muy concurridos un portador del virus lo transmita a más de una persona.

Tercero: se cierran los restaurantes. Como cuando estamos enfermos, no podemos ir a comer fuera.

Beneficio: se evitaría la propagación del virus en caso de que algún cliente o miembro del personal del restaurante estuviera infectado.

Misa del 26 de abril de 2009 en la catedral de la Ciudad de México.

Repercusiones: pérdidas económicas en alimentos perecederos y en ingresos para toda la industria restaurantera y sus proveedores. Los meseros no reciben propinas, con las que cuentan cotidianamente. La economía se ve afectada y hace necesario reducir empleos en este ramo.

El dolor de no poder abrazar y besar

El ser humano necesita contacto físico durante toda la vida. Desde el nacimiento, para el desarrollo psicoafectivo e inclusive físico se requiere una vinculación, que incluye el contacto físico directo y regular; de ahí la importancia de manifestar el afecto en forma de caricias y besos. Varios estudios indican que el desarrollo de un niño al que se priva de contacto físico sufre alteraciones.

Estrechar las manos tiene muchos significados: saludo, amistad, unión, cierre de tratos, reconocimiento, aceptación, creación dc lazos, entre otros.

Los abrazos y los besos son parte del lenguaje del amor. El contacto de piel con piel es un acercamiento más allá de ésta; en múltiples ocasiones, un abrazo expresa más que las palabras, y un beso constituye una demostración de afecto, de amor. Nuestros saludos cotidianos de beso son realmente un contacto de mejillas con los labios contraídos: en realidad son besos simbólicos.

La epidemia nos quitó estas expresiones, pero por una razón sanitaria totalmente válida: en el supuesto caso de que albergáramos el virus, podríamos transmitirlo más fácilmente a la persona a quien saludamos de mano, de beso o de abrazo.

Pero si no estamos enfermos, no albergamos el virus, y debemos seguir expresando nuestro amor tanto a nuestros hijos como a nuestra pareja con responsabilidad.

Museo Nacional de Antropología, cerrado a causa del brote.

Efectos de las compras de pánico en un supermercado.

El dolor del rechazo social

De pronto, la sociedad que sufre la epidemia es discriminada y rechazada por tener el potencial de contagiar la enfermedad. Así como muchos portadores del VIH fueron rechazados individualmente, ahora un grupo social (los mexicanos en este caso) es visto con recelo. La ignorancia es enorme. No se tiene conciencia del tamaño del país ni de la proporción matemática entre el número de personas infectadas y el tamaño total de la población.

Personas de otras naciones evitan a toda costa ir al país más afectado. Los congresos mundiales se suspenden o se posponen hasta varios meses después. La difusión del conocimiento científico se ve frenada por el brote.

El dolor de no ser visitado

Los mexicanos siempre nos hemos caracterizado por ser excelentes anfitriones, cálidos, amables; nos agradan mucho las visitas, los amigos, y mostrar nuestra cultura. Ya no más turistas: se suspendieron una infinidad de vuelos con destino a nuestro país, y los cruceros ya no tocan nuestras costas.

La industria turística se ve sumamente afectada; las hermosas playas del Caribe mexicano y de la costa del Pacífico, desérticas; los hoteles, con una mínima ocupación; hay que cerrar algunos.

En Europa y los países del norte de América, se desaconseja viajar a México salvo que sea estrictamente necesario.

Repercusiones: grandes pérdidas de capital y de empleos. El turismo es el sector económico más afectado. Se calculan pérdidas de 3.5 millones de dólares al día en Cancún, Cozumel y la Riviera Maya en general. Se cancelan 70 por ciento de las reservaciones. Ante este panorama, la Secretaría de Turismo desarrolla estrategias para la recuperación.

Turistas en la Ciudad de México durante el brote.

Nos sentimos aislados, solos, rechazados, pero no perdemos nuestra esencia jocosa, para seguir adelante en medio de la tempestad biológica y social.

El dolor de no poder viajar como antes

También se cancelan viajes al extranjero. Personas que ya tenían un compromiso de trabajo, o que habían planeado con esmero un viaje de placer, se ven afectadas, obligadas a modificar sus planes. Se inician esfuerzos preventivos y de diagnóstico oportuno por medio de la toma de la temperatura corporal y la detección del virus en la mucosa de la nariz. Son medidas muy adecuadas para evitar que la influenza se extienda a otras partes del país o al resto del mundo.

El dolor de la pérdida económica

En una sociedad capitalista, la pérdida económica genera depresión, porque el dinero es un símbolo de capacidad, superación, poder, supervivencia. La Secretaría de Hacienda de México estimó que las pérdidas económicas del país debido al virus de la influenza A H1N1 ascenderían al 0.3 por ciento del producto interno bruto (PIB), equivalente a 30 000 millones de pesos (unos 2 326 millones de dólares). Esto, aunado a la crisis económica mundial, agrava considerablemente la problemática del país, por lo que la Secretaría de Hacienda toma medidas de apoyo a la actividad económica.

El dolor de una afición desilusionada

Innumerables aficionados que durante mucho tiempo esperaron estar frente a sus héroes deportivos no pudieron entrar a los estadios, lo que produjo gran frustración y desilusión. Muchos presenciaron los eventos detrás de las rejas cerradas de arenas y campos deportivos.

El dolor de no poder asistir a actos religiosos

Las personas cuyos ritos religiosos son parte fundamental de su vida, y que no dejarían de asistir a ellos a menos que estuvieran incapacitadas, tuvieron que quedarse en casa durante la cuarentena. El brote epidémico era una forma de discapacidad social momentánea.

El riesgo era muy claro: en las congregaciones el contacto entre las personas es muy estrecho, lo cual facilita la transmisión del virus.

Los medios informativos transmitieron algunas ceremonias, pero no era posible atender a todas las religiones.

El dolor de estar solo en los funerales

Las personas que perdieron a un ser querido por la influenza o por alguna otra causa no estuvieron muy acompañadas por amigos, ya que éstos evitaban asistir a lugares concurridos para evitar el contagio. La persona en duelo, encima del dolor de la pérdida, se encontraba sola en uno de los momentos en que más compañía necesita el ser humano.

El dolor del aislamiento, de la soledad

Todos los dolores anteriores se resumen en el pesar que generan la soledad y el aislamiento, dos sentimientos que tenemos sellados en el alma por la historia de nuestro pueblo. Esa soledad se llena con el jolgorio, con la inventiva, con la búsqueda de nuevas relaciones, de nuevos retos. Octavio Paz describió bien nuestro modo de ser: "Cruza la historia como un cometa de jade, que de vez en cuando relampaguea. En su excéntrica carrera ¿qué persigue? Va tras

Cortesía Henry Merino / Wikimedia Commmons

Por si el brote epidémico no fuera suficiente, el 27 de abril de 2009 un sismo obligó a evacuar oficinas en la Ciudad de México.

su catástrofe: quiere volver a ser sol, volver al centro de la vida de donde un día… fue desprendido".

Los mitos y las actitudes equivocadas, lejos de ayudar, complican la comunicación veraz.

Es de suma importancia obtener información fidedigna de dependencias gubernamentales y organismos serios, como la Secretaría de Salud, la Organización Mundial de la Salud y la Organización Panamericana de la Salud, y no guiarse por rumores o noticias amarillistas.

Mitos de la epidemia de influenza A H1N1

* Es una treta del gobierno para controlarnos.
* Se transmite por comer carne de cerdo.
* Es una exageración.
* Es la guerra de los narcos.

Oficinas centrales de la Organización Mundial de la Salud, en Ginebra, Suiza.

Influenza A H1N1

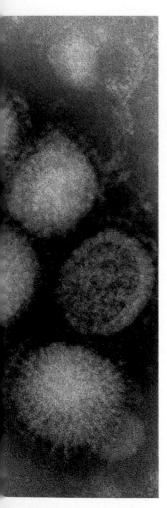

Microfotografía electrónica del virus de la influenza A H1N1.

También conocida como influenza porcina, este tipo de influenza ha sacudido al mundo durante 2009. Como su nombre lo indica, es producida por el virus A H1N1, y hasta hace poco se denominaba "influenza porcina" porque el cerdo puede ser portador del virus, pero no porque la enfermedad se contraiga comiendo carne de este animal.

¿Cómo es el virus A H1N1?

Es un virus que combina genes de virus causantes de influenza humana, porcina y aviar; pertenece a la familia de los *Orthomyxoviridae*. La letra A del nombre se refiere al tipo de influenza (existen tres: A, B y C).

Las letras H y N designan las proteínas presentes en la superficie del virus: hemaglutinina y neuraminidasa; hay muchos subtipos de ellas, que se identifican añadiendo un número a la letra. Este virus puede estar presente en animales como cerdos y aves.

Forma de transmisión y síntomas

La forma de transmisión es de humano a humano, por medio de las gotitas de saliva que la persona infectada expulsa al toser o estornudar y que entran en las vías respiratorias de la persona expuesta. La enfermedad también puede transmitirse por medio de las manos y de objetos contaminados.

En las observaciones clínicas de pacientes infectados por el virus, se ha calculado que el periodo de incubación va de tres a nueve días.

Los síntomas son fiebre repentina superior a 38° C, tos, dolor de cabeza, dolor muscular, malestar general, irritación ocular y escurrimiento nasal.

Con base en el reporte de la Secretaría de Salud de México, del 13 de mayo de 2009, en los 2 446 casos confirmados y 60 defunciones, los síntomas declarados fueron los siguientes, en orden de frecuencia: fiebre elevada, 91.7 por ciento de los casos; tos, 86.7 por ciento; disnea (sed de aire), 76.7 por ciento; expectoración, 58.3 por ciento; ataque al estado general, 56.7 por ciento; mialgias (dolores musculares), 33.3 por ciento; cianosis (coloración amo-

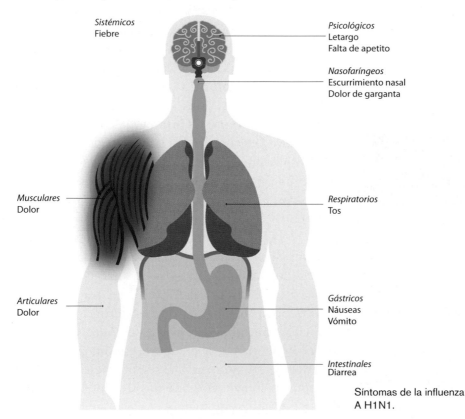

Síntomas de la influenza A H1N1.

ratada de piel y mucosas), 31.7 por ciento; rinorrea (escurrimiento nasal), 28.3 por ciento; hemoptisis (expulsión por la boca de sangre procedente de las vías respiratorias), 26.5 por ciento; cefalea (dolor de cabeza), 23.3 por ciento; dolor torácico, 16.7 por ciento; odinofagia (dolor al deglutir), 15 por ciento; vómito, 10 por ciento; obstrucción nasal, 5 por ciento; hiperemia conjuntival (enrojecimiento de los ojos), 3.3 por ciento; diarrea, 1.7 por ciento.

El sexo más afectado fue el femenino, con 56.7 por ciento de los casos, y el grupo de edad con mayor mortalidad fue el de entre 20 y 29 años.

Otros brotes

En la literatura médica de años anteriores hay informes sobre casos de influenza A H1N1. En 2005 se presentó uno en Wisconsin, Estados Unidos. Se trataba de un adolescente de 17 años que había tenido contacto con cerdos sacrificados, pero sus síntomas resultaron leves: dolor de cabeza, escurrimiento nasal, dolor de espalda y tos, sin fiebre.

En 1976, un brote de influenza A H1N1 en Fort Dix, Nueva Jersey, ocasionó la muerte de un soldado y la hospitalización de otros 12. Su edad promedio era de 18 años, y ninguno había tenido contacto previo con cerdos. Se han presentado casos aislados también en Canadá, Europa y Asia.

El 13 y el 17 de abril de 2009, los Centros para el Control y la Prevención de Enfermedades de Estados Unidos (CDC por sus siglas en inglés) informaron de dos casos de influenza A H1N1 en niños en el sur de California. El primero fue el de un niño de 10 años cuyos síntomas (fiebre, tos y vómito) comenzaron el 30 de marzo; se recuperó con un tratamiento paliativo de los síntomas. El segundo caso fue el de una niña de nueve años que mostró síntomas (fiebre de 40.2° C) el 28 de marzo.

Pabellón improvisado en el Hospital Walter Reed, en Washington, para los enfermos de la gripe española, la pandemia que azotó al mundo de 1918 a 1920.

El diagnóstico de la enfermedad se confirma con la detección del virus. Para ello lo más práctico es la toma de una muestra de moco nasal.

El tratamiento, a base de un antiviral (oseltamivir o zanamivir), debe comenzar dentro de las primeras 48 horas desde la aparición de los síntomas. Se recomiendan también aislamiento y reposo.

Prevención

La Secretaría de Salud recomienda las siguientes medidas preventivas:

Una medida de prevención básica es evitar el contacto físico: no saludar de beso ni de mano.

- Mantenerse alejado de quienes sufren infecciones respiratorias.
- No saludar de beso ni de mano.
- No compartir alimentos, vasos ni cubiertos.
- Ventilar y permitir la entrada de sol en casas, en oficinas y demás lugares cerrados.
- Mantener limpias las cubiertas de cocinas y baños, manijas, perillas y pasamanos, juguetes, teléfonos y otros objetos de uso común.
- Abrigarse y evitar cambios bruscos de temperatura.
- Comer frutas y verduras ricas en vitaminas A y C (zanahoria, papaya, guayaba, naranja, mandarina, lima, limón y piña).
- Lavarse las manos frecuentemente con agua y jabón.
- Evitar la exposición a contaminantes ambientales.
- No fumar en lugares cerrados ni cerca de niños, ancianos o enfermos.

En caso de sufrir un cuadro repentino de fiebre alta, tos y dolor de cabeza, muscular y de articulaciones, hay que acudir de inmediato al médico o al centro de salud más cercano.

Recuerda que la salud es lo más valioso e importante que posee el ser humano.

Por un mundo sin dolor

Fecundación *in vitro*.

E l dolor siempre ha sido un flagelo de la humanidad y, en nuestra época, uno de los jinetes del Apocalipsis, pero todos podemos y debemos contribuir directa o indirectamente a aliviarlo, porque no podemos concebir un mundo que siga padeciéndolo a causa de las guerras, el hambre y la ignorancia. No podemos concebir un mundo donde, habiendo tratamientos para la leucemia y otros cánceres, la gente sigue muriendo por falta de medios económicos para atenderse. No podemos concebir un mundo donde miles de niños mueren por enfermedades que pueden prevenirse con sólo mejorar las condiciones de vivienda con el aporte de servicios como agua potable y drenaje.

No podemos concebir un mundo donde el dinero está sobre el respeto a la vida y al bienestar de la humanidad

No podemos concebir un mundo donde las ideas provocan sufrimiento y destrucción tan sólo por ser "diferentes". No podemos concebir un mundo donde, al saberse que se concibió o se dio a luz una niña, se comete feticidio o infanticidio. No podemos concebir un mundo donde los intereses económicos y políticos están sobre la conciencia de respetar la vida y el bienestar de los demás seres humanos.

La terrible indiferencia ante el sufrimiento ajeno, la comodidad de no volver la cabeza para no sentirse mal por el dolor del otro, son factores que han contribuido a la falta de alivio del dolor.

George Bernard Shaw escribió: "El peor pecado hacia nuestros semejantes no es odiarlos, sino tratarlos con indiferencia; ésta es la esencia de la inhumanidad".

No deberíamos hablar de "tolerancia", que implica que el otro me molesta; la palabra debería ser "respeto": a las preferencias, al espacio, a las creencias, al cuerpo, a la familia y a las actitudes de los demás.

Según Viktor Frankl en *El hombre en busca de sentido,* la última libertad del ser humano es elegir una actitud ante las circunstancias que se le presentan, y nosotros muchas veces no permitimos que una persona que sufre dolor elija la suya.

Está en nuestras manos contribuir a la creación de un mundo sin dolor cambiando de actitud hacia nuestros semejantes y hacia nosotros mismos.

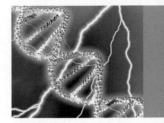

Todos podemos ayudar a forjar una realidad con el menor sufrimiento posible.

Los cuatro jinetes del Apocalipsis, de Víktor Mijáilovich Vasnetsov, 1887.

Glosario

A

- *Agammaglobulinemias*. Inmunodeficiencias caracterizadas por la baja concentración de anticuerpos en la sangre
- *Antivirales*. Medicamentos para combatir las infecciones por virus.

C

- *Circadiano*. Relativo a un periodo aproximado de 24 horas; se aplica a los fenómenos biológicos que ocurren todos los días alrededor de la misma hora.
- *Cisticerco*. Parásito que generalmente se localiza en el cerebro.

E

- *Efecto adverso o colateral*: efecto no deseado de un medicamento.
- *Epidídimo*. Conducto que forma parte del aparato genital masculino.
- *Esperma*: líquido que contiene los espermatozoides, junto con otras sustancias, y que expulsan los genitales masculinos.

G

- *Gabinete*, exámenes de. Estudios que piden los médicos para hacer diagnósticos; por ejemplo, radiografías, tomografías o imágenes de ultrasonido

o resonancia magnética, en los cuales no se extrae sangre ni otros líquidos del cuerpo.

- *Ganglios linfáticos*. Estructuras que forman parte del sistema de defensa del organismo.
- *Gonorrea*. Enfermedad de transmisión sexual causada por la bacteria *Neisseria gonorrhoeae*. Se caracteriza por la salida de secreción lechosa por los genitales.

I

- *Insulina*. Hormona segregada por las células beta de los islotes de Langerhans del páncreas, que regula la concentración de glucosa en la sangre.

L

- *Leiomiosarcoma*. Tumor maligno que se forma en el músculo liso, el de las paredes vasculares y las vísceras, que no está sujeto a movimientos voluntarios.

M

- *Mielina*. Sustancia que recubre algunas fibras nerviosas y les sirve de aislamiento.
- *Mielinizado*. Recubierto de mielina.

N

• *Neurofisiológico.* Referente a la función del sistema nervioso.

• *Neurotransmisores.* Sustancias que ayudan a transportar una señal nerviosa de una neurona a otra.

P

• *Petequias.* Manchitas redondeadas de color violáceo, del tamaño de una cabeza de alfiler, que aparecen en la piel como consecuencia de un insuficiente número de plaquetas en la sangre.

• *Polirradiculopatía.* Inflamación de múltiples raíces nerviosas.

• *Protozoario.* Clase de organismos unicelulares que pueden producir infecciones oportunistas en el ser humano.

• *Pus.* Líquido que se forma en una zona de infección, de color blanco amarillento, compuesto por tejido muerto, bacterias vivas y muertas, y glóbulos blancos.

S

• *Síndrome de Klinefelter.* Enfermedad genética debida a una alteración del número normal de cromosomas.

U

• *Urólogo.* Médico especialista en el funcionamiento y las enfermedades de las vías urinarias.

Bibliografía

American Academy of Pediatrics, Committee on Bioethics y Committee on Hospital Care, "Palliative Care for Children", en *Pediatrics*, vol. 106, núm. 2, agosto de 2000, pp. 351-357.

—————, Committee on Pediatric AIDS y Committee on Adolescence, "Adolescents and Human Immunodeficiency Virus Infection: the Role of the Pediatrician in Prevention and Intervention", en *Pediatrics,* enero de 2001; 107(1):188-90.

—————, *Red Book. Report of the Committee on Infectious Diseases,* 1994.

Asociación Internacional para el Estudio del Dolor (Harold Merskey y Nikolai Bogduk, editores), *Classification of Chronic Pain. Descriptions of Chronic Pain Syndromes and Definitions of Pain Terms,* segunda edición, IASP Press, 2002.

BAR, K.J., *et al.*, *Journal of the American Academy of Child and Adolescent Psychiatry,* 2006; 45(9):1068-76.

BATTISTINI, S., S. Stenirri, M. Piatti, C. Gelfi, P.G. Righetti, R. Rocchi, F. Giannini, N. Battistini, G.C. Guazzi, M. Ferrari, P.A. Carrera, "New CAC-NA1A Gene Mutation in Acetazolamide-Responsive Familial Hemiplegic Migraine and Ataxia", en *Neurology,* julio de 1999, 13; 53 (1): 38-43.

BEYER, J.E., y N.C. Wells, "The Assesment of Pain in Children", en "Acute Pain in Children", *Pediatric Clinics of North America,* vol. 36, núm. 4, 1989.

BONKOWSKY, J.L., J.K. Frazer, K.F. Buchi y C.L. Byington, "Metamizole use by Latino Immigrants: A Common and Potentially Harmful

Home Remedy", en *Pediatrics,* junio de 2002; 109(6):e98.

BOWYER, S.L., y J.R. Hollister, "Dolor de extremidades en pediatría", en "Dolor recurrente en la infancia", en *Clínicas Pediátricas de Norteamérica,* vol. 3, Interamericana, 1984, pp. 1059-1089.

CARUSO, Igor, *La separación de los amantes. Una fenomenología de la muerte,* México, Siglo XXI, 1969.

CATALINA ZAMORA, M.L., B. Bote Bonaechea, F. García Sánchez y B. Ríos Rial, *Actas Españolas de Psiquiatría,* enero-febrero de 2005; 33(1):66-8

Centers for Disease Control and Prevention (CDC), "Swine Influenza A (H1N1) Infection in Two Children-Southern California", en *Morbidity and Mortality Weekly Report,* marzo-abril de 2009 58(15):400-2.

—————, "Update: Drug Susceptibility of Swine-Origin Influenza A (H1N1) Viruses", boletín de *Morbidity and Mortality Weekly Report,* 1 de mayo de 2009; 58(16):433-5

CLAES, L., W. Vandereycken y H. Vertommen, *Eating Behaviors,* agosto de 2006; 7(3):204-13.

COLEMAN, W.L., "Dolor torácico recurrente en pediatría", en "Dolor recurrente en la infancia", en *Clínicas Pediátricas de Norteamérica,* vol. 3, Interamericana, 1984, pp. 1007-1029.

COLLINS, J.J., y S.T. Weisman, "Management of Pain in Childhood Cancer", en *Pain in Infants, Children and Adolescents,* N.L. Schechter, Ch. B. Berde, M. Yaster (editores), Lippincott, Williams & Wilkins, segunda edición, 2003.

Consejo Nacional para la Prevención y Control del Sida en México (Conasida), casos registrados.

DERENNE, J.L., y E.V. Beresin, "Body Image, Media, and Eating Disorders", en *Academic Psychiatry,* 2006; 30(3):257-61.

FIELDS, H.L., "A Motivation-Decision Model of Pain: The Role of Opioids", en F. Herta y E. Kalso, Dostrovsky (editores), *Proceedings of the Eleventh World Congress on Pain,* Asociación Internacional para el Estudio del Dolor, IASP Press, Seattle, Washington, 2005.

FLORES, M.A., "Dolor neuropático de origen no oncológico", en *Sistema de actualización médica en dolor neuropático,* México, Intersistemas Editores, 2004, pp. 306-315.

——————, "Dolor pediátrico. Una visión psicológica", en *Clínica y Terapia del Dolor,* vol. 1, núm. 1, junio de 2002, pp. 19-22.

——————, "Dolor recurrente en la edad pediátrica", en *Clínica del dolor,* vol. 2, Edimplas, Merck, 2000, pp. 152-171.

——————, "Tratamiento del dolor neuropático en pediatría", en *Sistema de actualización médica en dolor neuropático,* México, Intersistemas Editores, 2004, pp. 327-330.

——————, y A. Valenzuela, *Adverse Events that Cause Pain in the Hematooncologic Pediatric Patient,* en el Duodécimo Congreso Mundial sobre el Dolor, Glasgow, Reino Unido, 17-22 de agosto de 2008.

GARCÍA-GARCÍA, J., y C. Ramos, *La influenza, un problema vigente de salud pública,* México, Salud Pública, 2006; 48:244-267.

GOLIANU, B., E.J. Krane, K.S. Galloway y M. Yaster, "Pediatric Acute Pain Management", en *Pediatric Clinics of North America,* vol. 47, núm. 3, junio 2000, pp. 559-585.

GONZÁLEZ BARÓN, M., A. Ordóñez, J. Feliu, P. Zamora y E. Espinosa, *Tratado de medicina paliativa y tratamiento de soporte en el enfermo con cáncer,* México, Editorial Médica Panamericana, 1996.

HARLOW, B.L., E.G. Stewart, "Adult–Onset Vulvodynia in Relation to Childhood Violence Victimization", en *American Journal of Epidemiology,* 2005, mayo 1; 161(9) B.L. Harlow: 871-80.

HICKS, C.L., C.L. Von Baeyer, P.A. Spafford, I. van Korlaar y B. Goodenough, "The Faces Pain Scale Revised: Toward a Common Metric in Pediatric Pain Measurement", en *Pain,* 2001, agosto; 93(2):173-83.

HIRSCHFELD, S., H. Moss, K. Dragisic, W. Smith y P.A. Pizzo, "Pain in Pediatric Human Immunodeficiency Virus Infection: Incidence and Characteristics in Single-Institution Pilot Study", en *Pediatrics,* septiembre de 1996; 98(3 Pt 1):455-6.

HOWE, L.R., K. Subbaramaiah, J. Patel, J.L. Masferrer, A. Deora, C. Hudis, H.T. Thaler, W.J. Muller, B. Du, A.M. Brown y A.J. Dannenberg, "Celecoxib, a Selective Cyclooxygenase 2 Inhibitor, Protects against Human Epidermal Growth Factor Receptor 2 (HER-2)/Neu-Induced Breast Cancer", en *Cancer Research,* 1 de octubre de 2002; 62(19):5405-7.

JACOX, A., D.B. Carr, R. Payne *et al.*, "Management of Cancer Pain", en *Clinical Practice Guideline No. 9,* AHCPR Publication No. 94-0592, Rockville, Maryland, Agency for Health Care Policy and Research, U.S. Department of Health and Human Services, Public Health Service, marzo de 1994.

JEN, J., Q.Yue, S.F. Nelson, H.Yu, M. Litt, J. Nutt y R.W. Baloh, "Novel Nonsense Mutation in CACNA1A Causes Episodic Ataxia and Hemiplegia", en *Mayo Clinic Proceedings,* 1999, julio 74(7):702-8.

KING, H.A., "Dolor de espalda en la infancia", en "Dolor recurrente en la infancia", vol. 3, en *Clínicas Pediátricas de Norteamérica,* Interamericana, 1984, pp. 1091-1103.

KÜBLER-ROSS, Elizabeth, *Sobre la muerte y los moribundos,* Barcelona, Grijalbo Mondadori, 2000.

LAUFER, M., G.B. Scott, "Medical Management of HIV Disease in Children", en *Pediatric Clinics of North America,* febrero de 2000; 47(1):127-53.

LEVESQUE, H., y O. Lafont, "Aspirin Throughout the Ages: a Historical Review", en *Revue de Medecine Interne,* marzo de 2000; 21, supl. 1:8s–17s).

LEWIS, L.L., K.M. Butler, R.N. Husson, B.I. Mueller, C.L. Fowler, S.M. Steinberg, P.A. Pizzo, "Defining the Population of Human Immunodeficiency Virus-Infected Children at Risk for *Mycobac-*

terium avium-Intracellular Infection", en *Journal of Pediatrics,* noviembre de 1992; 121(5 Pt): 677-83.

LOESER, John D. (editor), *Bonica's Management of Pain,* Lippincott, Williams & Wilkins, 2001.

MCDONALD, J.S., y J. Rapkin. "Pain in Pelvis, Perineum and Genitalia", en John D. Loeser (editor), *Bonica's Management of Pain,* Lippincott, Williams & Wilkins, 2001, pp. 1367-1374.

MEISTER, M., R. Einsle, J. Brunner, K. Rhyner, *Psychofonia. A Neurophysiologic Music Therapy in Migraine,* Medizinische Klinik, Kantonsspital Glarus.

MERLANI, G., M. Fox, H.P. Oehen, G. Cathomas, E.L. Renner, K. Fattinger, M. Schneeman y G.A. Kullak-Ublick, "Fatal Hepatoxicity Secondary to Nimesulide", en *European Journal of Clinical Pharmacology,* julio de 2001; 57(4):321-6.

MILLER, T.L., H.S. Winter, L.M. Luginbuhl, E.J. Orav y K. McIntosh, "Pancreatitis in Pediatric Immunodeficiency Virus Infection", en *Journal of Pediatrics,* febrero de 1992; 120 (2Pt 1):223-7.

MOFENSON, L.M., J. Korelitz, S. Pelton, J. Moye Jr., R. Nugent, J. Bethel, "Sinusitis in Children Infected with Human Immunodeficiency Virus: Clinical Characteristics, Risk Factors, and Prophylaxis", National Institute of Child Health and Human Development Intravenous Immunoglobulin Clinical Trial Study Group, en *Clinical Infectious Diseases,* noviembre de 1995; 21(5):1175-81.

MOLLE, Z.L., P. Bornemann, N. Desai, E. Clarin, V. Anderson *et al.,* "Endoscopic Features of Intestinal Smooth Muscle Tumor in a Child with AIDS", en *Digestive Diseases Sci,* mayo de 1999; 44(5):910-5.

MORRIS, Desmond, *Comportamiento íntimo,* Barcelona, Plaza y Janés, 1971.

MORTENSEN, M.E., y R.M. Rennebohm, "Farmacología clínica y usos de sustancias medicamentosas antiinflamatorias no esteroideas", en *Clínicas Pediátricas de Norteamérica,* vol. 5, 1989, pp. 1205-1232.

MYERS, K.P., C.W. Olsen, G.C. Gray, "Cases of Swine Influenza in Humans: a Review of the Literature", en *Clinical Infectious Diseases,* Chicago, 15 de abril de 2007; 44(8):1084-8. *Epub,* 6 de marzo de 2007.

National Digestive Diseases Information Clearinghouse (NDDIC), *Crohn's Disease.*

National Institute of Dental and Craniofacial Research, National Oral Health Information, *Enfermedad de las encías o enfermedad periodontal. Causas, síntomas y tratamiento,* núm. de publicación del NIH 05-1142S, reimpreso en septiembre de 2005. (http://www.nidcr.nih.gov)

NEWMAN, A.P., E. Reisdorf, J. Beinemann, T.M. Uyeki, A. Balish, B. Shu, S. Lindstrom, J. Achenbach, C. Smith y J.P. Davis, "Human Case of Swine Influenza A (H1N1) Triple Reassortant Virus, Infection, Wisconsin", en *Emerging Infectious Diseases,* septiembre de 2008;14(9):1470-2

OLNESS, K., "Hipnoterapia: estrategia ciberfisiológica en el tratamiento del dolor", *Clínicas Pediá-*

tricas de Norteamérica, vol. 4, 1989, pp. 947-959.

Organización Mundial de la Salud, en colaboración con la Asociación Internacional para el Estudio del Dolor, *Cancer Pain Relief and Palliative Care in Children,* 1998.

ORLANDI, A., A. Francesconi, C. Angeloni, G. Palmieri, G. Fukvia, M. Ciotti, A. Criscuolo, F. Sesti y L.G. Spagnoli, "Prevalence and Genotyping of Human Papillomavirus Infection in Women with Vulvodynia", en *Acta Obstetrica et Gynecologica Scandinavica,* Universidad de Lund, Estocolmo, 2007; 86(8):1003-10.

PAUL, T., K. Schroeter, B. Dahme y D.O. Nutzinger, *American Journal of Psychiatry,* 2002; 159(3):408-11.

PAZ, Octavio, *El laberinto de la soledad,* México, Fondo de Cultura Económica, 1981.

QUARTIER, P., J. Khouri, F. Maout, C. Courpotin, C. Dollfus, M.D. Tabone, G. Leverger y G. Lasfargues, "Early Diagnosis and Treatment of Cytomegalovirus Polyradiculoneuritis in a Child Infected by HIV", en *Archives of Pediatrics,* agosto de 1996; 3(8):792-5.

RAJAGOPAL, S., y J. Treanor, "Pandemic (Avian) Influenza", en *Seminars in Respiratory and Critical Care Medicine,* abril de 2007; 28(2):159-70.

RALPH, D.D., "Painful Disorders of the Respiratory System", en John D. Loeser (editor), *Bonica's Management of Pain,* Lippincott, Williams & Wilkins, 2001, pp.1177-1193.

ROLAK, L.A., "Literary Neurologic Syndromes. Alice in Wonderland", en *Archives of Neurology,* junio de 1991, 48(6):649-51.

SCHATTNER, A., N. Sokolovskaya y J. Cohen, "Fatal Hepatitis and Renal Failure During Treatment with Nimesulide", en *Journal of Internal Medicine,* enero de 2000; 247(1):153.

SCHECTER, N.L., "The Undertreatment of Pain in Children", en "Acute Pain in Children", en *Pediatric Clinics of North America,* vol. 36, núm. 4, 1989, pp. 781-794.

SHAPIRO, N.L., V. Novelli, "Otitis Media in Children with Vertically-Acquired HIV Infection: the Great Ormond Street Hospital Experience", *International Journal of Pediatric Otorhinolaryngology,* 15 de septiembre de 1998; 45(1):69-75.

SHEFTELL, F., T.J. Steiner y H. Thomas, "Harry Potter and the Curse of Headache", en *Headache,* 2007, 47(6):911-6.

SHINDE, V., C.B. Bridges, T.M Uyeki, B. Shu, A. Balish, X. Xu, S. Lindstrom, L.V. Gubareva, V. Deyde, R.J. Garten, M. Harris, S. Gerber, S.Vagoski, F. Smith, N. Pascoe, K. Martin, D. Dufficy, K. Ritger, C. Conover, P. Quinlisk, A. Klimov, J.S. Bresee y L. Finelli, "Triple-Reassortant Swine Influenza A (H1) in Humans in the United States, 2005-2009", en *New England Journal of Medicine,* 7 de mayo de 2009.

STEELE, B.J., y C.D. Collins, "La Grippe and World War I: Conflict Participation and Pandemic Confrontation", en *Global Public Health,* 2009; 4(2):183-204.

STEIN, C., *Opioides en el control del dolor. Aspectos básicos clínicos,* Masson, 2001.

Subcomité de Clasificación del Dolor de Cabeza de la Sociedad Internacional de la Cefalea, "The International Classification of Headache Disorders", segunda edición, en *Cephalalgia,* vol. 24, supl. 1, 2004.

TINS, B., y V. Cassar-Pullicino, *Skeletal Radiology,* noviembre de 2006; 35(11):857-60.

TRILLA, A., G. Trilla y C. Daer, "The 1918 'Spanish Flu' in Spain", en *Clinical Infectious Diseases,* Chicago, septiembre de 2008; 47(5):668-73.

UKARAPOL, N., V. Sirisanthana y L. Wongsawasdi, *"Penicillium marneffei Mesenteric Lymphadenitis in Human Immunodeficiency Virus-Infected Children",* en *Journal of the Medical Association of Thailand,* agosto de 1998; 81(8):637-40.

UNAIDS, Programa conjunto de las Naciones Unidas sobre el VIH/SIDA, *Report on the Global hiv/aids Epidemic,* junio de 2000.

UPPINGTON, J., "Opioids", en J. Ballantyne, S.M. Fishman y Abdi Salahadin, *The Massachusetts General Hospital Handbook of Pain Management,* segunda edición, Lippincott, Williams & Wilkins, 2002.

WILLOUGHBY, D.A., A.R. Moore y P.R. Colville-Nash, "COX-1, COX-2, and COX-3 and the Future Treatment of Chronic Inflammatory Disease", en *Lancet,* 19 de febrero de 2000; 355(9204):646-8.

YANG, C.F., P. Gray, H.G. Pope Jr., "Male Body

Image in Taiwan versus the West: Yanggang Zhiqi Meets the Adonis Complex", en *American Journal of Psychiatry,* 2005; 162(2):263-9.

Páginas y documentos de Internet
Centro Médico de la Universidad de Maryland, *Costocondritis.* http://www.umm.edu/esp_ency/article/000164.htm

Clínica Mayo
http://www.mayoclinic.com/health/hiv-aids/DS00005
http://www.mayoclinic.com/health/testicular-cancer/DS00046

Enciclopedia Médica en Español Medline Plus
http://www.nlm.nih.gov/medlineplus/spanish/ency/article/003067.htm
http://www.nlm.nih.gov/medlineplus/spanish/ency/article/001240.htm

Instituto Nacional del Cáncer de Estados Unidos
http://www.cancer.gov/cancertopics/factsheet/Sites-Types/testicular-spanish

KRAMES, E., *The Neurobiology of Pain,* http://pacpain.com/docs/PPTC_Neurobiology-pain-forweb.pdf.

National Institute of Mental Health, *Depression,* http://www.nimh.nih.gov/health/publications/depression/complete-index.shtml#pub16

National Vulvodynia Association
http://www.nva.org

Organización Mundial de la Salud
http://www.who.int/cancer/palliative/definition/
en/index.html

ROSENBLUM, R., *Quiste ovárico,* Emory Health
Care, Atlanta, Georgia http://healthlibrary.epnet.
com

Secretaría de Salud de México
http://portal.salud.gob.mx/descargas/pdf/influen-
za/situacion_actual_epidemia_130509.pdf

AHÍ DUELE, DE MA. ANTONIETA FLORES MUÑOZ,
FORMA PARTE DE LA COLECCIÓN SELLO DE ARENA.
SE TERMINÓ DE IMPRIMIR EN LA CIUDAD DE MÉXI-
CO, EL MES DE AGOSTO DE 2013, EN LOS TALLERES DE
IMPRIMEX, ANTIGUO CAMINO A CULHUACAN NO.
87. COL. SANTA ISABEL INDUSTRIAL, DELEGACIÓN
IZTAPALAPA, C.P. 09820, EN MÉXICO, D.F. EN SU COM-
POSICIÓN SE UTILIZARON TIPOS BEMBO REGULAR
Y BEMBO REGULAR ITALIC. LA EDICIÓN ESTUVO AL
CUIDADO DE GERARDO NORIEGA Y EL EQUIPO DE
EDITORIAL TERRACOTA.